彩图 1　现代化兔场外景

彩图 2　舍内笼具

彩图 3　自动饲喂系统

彩图 4　花生秧

彩图 5　紫花苜蓿

彩图 6　普那菊苣

彩图 7　红豆草

彩图 8　白三叶

彩图 9　肉兔

彩图 10　白色獭兔

彩图 11　青紫蓝色獭兔

彩图 12　海狸色獭兔

彩图 13　长毛兔

彩图 14　宠物兔

彩图 15　饲料加工车间

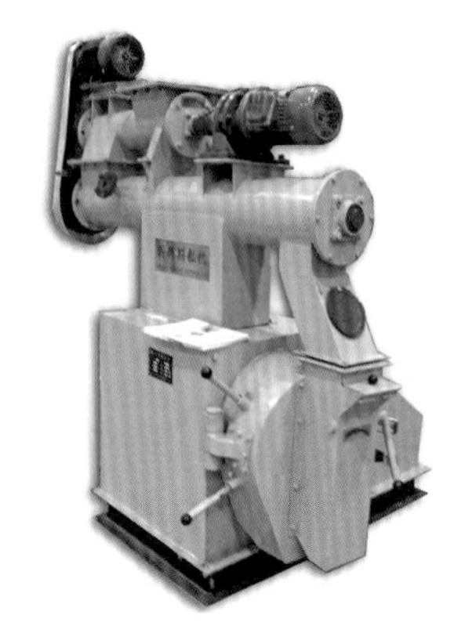

彩图 16　环模颗粒饲料机

彩图 17　平模颗粒饲料机

彩图 18　冷却系统

彩图 19　颗粒饲料

彩图 20　蛟龙式自动饲喂系统

饲料科学配制与应用丛书

国家兔产业技术体系岗位专家项目（CARS-43-B-3）资助

兔实用饲料配方手册

主　编：曹　亮　任克良

副主编：詹海杰　党文庆　张元庆

参　编：樊爱芳　李　俊　王　芳　黄淑芳

机械工业出版社

本书共分为5章，内容包括家兔消化特性与营养需要、家兔常用饲料原料与绿色饲料添加剂、家兔的饲养标准与饲料配方设计、家兔饲料配方实例和家兔饲料加工与质量控制。本书内容丰富、技术先进，提供130余个实用饲料配方，并在书中加入“提示”“注意”等小栏目，以使广大养兔生产者少走弯路。

本书适合广大养兔生产者、饲料加工企业工作人员阅读，也可供农林院校相关专业师生参考。

图书在版编目（CIP）数据

兔实用饲料配方手册/曹亮，任克良主编. —北京：机械工业出版社，2024. 2
（饲料科学配制与应用丛书）
ISBN 978-7-111-74807-6

Ⅰ. ①兔… Ⅱ. ①曹… ②任… Ⅲ. ①兔 – 饲料 – 配方 – 手册
Ⅳ. ①S829.15-62

中国国家版本馆 CIP 数据核字（2024）第 035261 号

机械工业出版社（北京市百万庄大街22号　邮政编码100037）
策划编辑：周晓伟　高　伟　　责任编辑：周晓伟　高　伟　刘　源
责任校对：曹若菲　薄萌钰　　责任印制：单爱军
保定市中画美凯印刷有限公司印刷
2024年3月第1版第1次印刷
145mm×210mm・5.75印张・2插页・164千字
标准书号：ISBN 978-7-111-74807-6
定价：29.80 元

电话服务　　网络服务
客服电话：010-88361066　机　工　官　网：www.cmpbook.com
010-88379833　机　工　官　博：weibo.com/cmp1952
010-68326294　金　书　网：www.golden-book.com
封底无防伪标均为盗版　机工教育服务网：www.cmpedu.com

前　言　PREFACE

我国是世界上养兔大国，年出栏量、贸易量位居世界首位。兔业生产已成为我国广大农民发展经济，脱贫致富的重要产业。家兔生产过程中，饲料占饲养成本的60%~70%，饲料成本与经济效益息息相关，同时饲料营养水平、质量与家兔疾病（尤其是消化道疾病）密切相关。为此，根据家兔营养需要，设计出科学实用的饲料配方，选择适宜的饲料原料，加工出质优价廉的全价平衡饲料对养兔生产者和饲料企业十分重要。为了提高养兔者、饲料企业生产兔用饲料的技术水平，我们编写了本书。

近年来，家兔各种相关理论研究深入、技术发展迅速，一大批科研成果、实用技术应运而生。其中家兔营养研究、饲料资源开发等取得了一系列重大进展，例如我国先后制定并发布了肉兔、皮用兔（獭兔）和毛用兔行业或团体标准。家兔常规饲料、非常规饲料资源开发评价取得系列成果，例如国家兔产业技术体系已建立了家兔饲料原料营养成分及营养价值数据库。这些成果、数据为科学生产兔用饲料奠定了可靠的基础。

本书对家兔消化特性和营养需要，家兔常用饲料原料营养特性，饲养标准与预混料、饲料配方设计，饲料加工与质量控制等各个环节进行详细阐述。同时介绍了国内外饲料配方130余个。内容丰富，技术先进，可操作性较强。

根据农业农村部第194号、第307号文件精神，我国从2020年7

月 1 日起严禁在饲料中添加促生长抗生素添加剂（中草药除外），畜禽养殖全面进入禁抗时代，为此，本书对绿色饲料添加剂进行了较为详细的介绍。

需要特别说明的是，本书提供的饲料配方、饲料添加剂和药物及其使用剂量仅供参考。因配方效果会受到诸多因素影响，如参考的饲养标准，饲料原料的产地、种类、营养成分、等级，兔的品种，季节因素，地域分布，生产加工工艺，饲养管理水平，饲养方式，疾病等，具体应在饲料配方师的指导下因地制宜、结合本场实际情况而定。

本书内容除介绍了编者团队多年来在家兔营养、饲料资源开发等方面的一些成果外，还参考、借鉴了国内外兔业同行的研究成果、饲料生产企业的生产实践经验等。在编写过程中，得到了国家兔产业技术体系首席科学家秦应和及家兔营养与饲料研究室李福昌、陈宝江、谷子林、杨桂琴等专家的大力支持，在此表示感谢！

本书的出版得到国家兔产业技术体系岗位专家项目（CARS-43-B-3）和山西农业大学项目（科研恢复计划）的资助。

尽管编者为本书的编写做了不小的努力，但因时间仓促和水平有限，其中还存在不少缺点和错误，恳请广大读者提出批评意见，以便再版时更正，使本书日臻完善。

编　者

目 录 CONTENTS

第一章 家兔消化特性与营养需要

家兔属单胃草食动物，其消化特性和营养需要与其他畜禽差异较大，了解这些特性、营养需要，对设计饲料配方、选择饲料种类、合理饲养管理具有重要的意义。

第一节 家兔的消化特性

一、家兔的消化特点

1. 消化器官的特点

家兔的消化器官包括口腔、咽、食管、胃、小肠（包括十二指肠、空肠和回肠）、大肠（包括盲肠、结肠和直肠）和肛门等（图 1-1），与其他动物相比，具有以下特点：

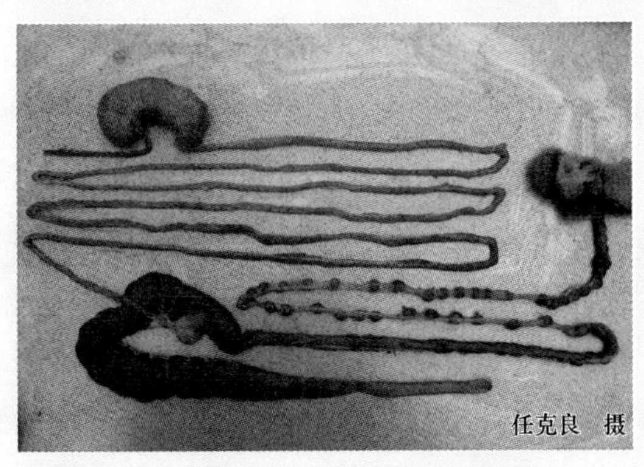

图 1-1 家兔消化系统

（1）特异的口腔构造 家兔的上唇从中线裂开，形成豁嘴，上门齿露出，以便摄取接近地面的植物或啃咬树皮等。家兔没有犬齿，臼齿发达，齿面较宽，并具有横嵴，便于磨碎植物饲料。

（2）发达的胃肠 家兔的消化道较长，容积也大。胃的容积较大，约占消化道总容积的1/3。小肠和大肠的总长度为总体长的10倍左右。盲肠特别发达，长度接近体长，容积约占消化道总容积的42%。盲肠和结肠中有大量的微生物繁殖，具有反刍动物第一胃的作用，因此，家兔能有效利用大量的饲草。

（3）特异的淋巴球囊 在家兔的回肠和盲肠相接处，有一个膨大、中空、壁厚的圆形球囊，称为淋巴球囊或圆小囊，为家兔所特有（图1-2）。其生理作用有三，即机械作用、吸收作用和分泌作用。回肠内的食糜进入淋巴球囊时，球囊借助发达的肌肉压榨，消化后的最终产物大量被球囊壁的分枝绒毛所吸收。同时，球囊还不断分泌出碱性液体，中和由于微生物生命活动而产生的有机酸，从而保证了盲肠内有利于微生物繁殖的环境，有助于对饲草中粗纤维的消化。

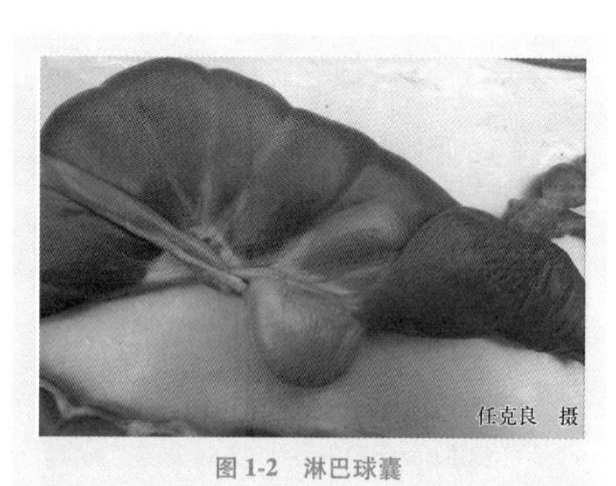

图1-2　淋巴球囊

2. 能够有效利用低质高纤维饲料

家兔依靠盲肠和结肠中微生物并与淋巴球囊协同作用，能很好地利用饲料中的粗纤维。但很多研究表明，家兔对饲料中粗纤维的利用能力是有限的，如对苜蓿干草中粗纤维消化率，马为34.7%，家兔仅为16.2%。但这不能看成是家兔利用粗饲料的一个弱点，因为粗纤维饲料具有快速通过家兔消化道的特点，在这一过程中，其中大部分非纤维成分被迅速消化、吸收，排除难以消化的纤维部分。

3. 能充分利用粗饲料中的蛋白质

与猪等单胃动物相比，家兔更能有效利用粗饲料中的蛋白质。以苜蓿蛋白质的消化率为例，猪低于50%，而家兔则为75%，大体与马相当。然而家兔对低质量的饲草，如玉米等农作物秸秆所含蛋白质的利用能力却高于马。

基于以上特点，家兔能够采食大量的粗饲料，并能保持一定的生产水平。

4. 饲料中的粗纤维对家兔来说必不可少

饲料中的粗纤维对维持家兔正常消化机能有重要作用。研究证实，粗纤维（木质素）能预防肠道疾病。如果给家兔饲喂高能低纤维饲料，肠炎发病率较高；而提高饲料中粗纤维含量后，肠炎发病率下降。

5. 食粪性

所谓食粪性，是指家兔具有嗜食自己部分粪便的本能特性。它在食粪时具有咀嚼的动作，因此有人称之为假反刍或食粪癖。与其他动物的食粪癖不同，家兔的这种行为不是病理的，而是正常的生理现象，对家兔本身具有重要的生理意义。

家兔的食粪行为均发生在静坐休息期间。在食粪行为出现之前，都有站起、舐毛和转圈等行为。食粪时呈犬坐姿势，背脊弯曲，两后肢向外侧张开，肛门朝向前方，两前肢移向一侧，头从另一侧伸向肛门处采食粪便，然后又恢复到原来的犬坐姿势，经10~60秒的咀嚼动作后将软粪球囫囵吞咽入胃（图1-3）。

家兔软粪与硬粪成分比较见表1-1。

图 1-3　家兔的食粪行为

表 1-1　家兔软粪与硬粪成分比较

成分	软粪	硬粪	成分	软粪	硬粪
干物质/克	6.9	9.8	其他碳水化合物（%）	11.3	4.9
粗蛋白质（%）	37.4	18.7	微生物/(百万个/克)	9560	2700
粗脂肪（%）	3.5	4.3	烟酸/(微克/克)	139.1	39.7
粗灰分（%）	13.1	13.2	维生素 B_2/(微克/克)	30.2	9.4
粗纤维（%）	27.2	46.6	泛酸/(微克/克)	51.6	8.4
钙（%）	1.22	2.0	维生素 B_{12}/(微克/克)	2.9	0.9
磷（%）	2.42	1.53	钾（%）	1.0	0.38
硫（%）	1.57	1.06	钠（%）	1.83	0.42

通过食粪，家兔可从中获得生物学价值较高的菌体蛋白质，同时还可获得由肠道微生物合成的 B 族维生素和维生素 K。可以补充一部分矿物质，如磷、钾、钠等。饲料中部分营养物质至少两次通过消化道，饲料利用率相应地提高（表 1-2）。

表 1-2　食粪与限制食粪对饲料利用率的影响

项目	营养物质（%）	粗蛋白质（%）	粗纤维（%）	粗脂肪（%）	无氮浸出物（%）	粗灰分（%）
正常食粪	64.6	66.7	15.0	73.9	73.3	57.6
限制食粪	59.0	50.3	6.9	71.7	70.6	46.1

由表 1-2 可知，家兔不能正常食粪时，饲料中营养物质的利用率降低。限制食粪，还可造成消化道微生物区系的减少，导致幼兔生长发育受阻，成年兔消瘦或死亡，妊娠母兔胎儿发育受阻，产仔数减少。为此，保持兔舍环境安静，让家兔正常食粪十分重要。

6. 能忍耐饲料中的高钙

与其他动物相比，兔的钙代谢具有以下特点：

1）钙的净吸收特别高，而且不受体内钙代谢需要的调节。

2）血钙水平也不受体内钙平衡的调节，直接和饲料钙水平成正比。

3）血钙的超过滤部分很高，其结果是肾脏对血钙的清除率很高。

4）过量钙的排出途径主要是尿，其他动物主要通过消化道排泄。经常看到兔笼内有白色粉末状物，就是由尿排出的钙盐。

基于以上特点，即使饲料中含钙多到 4.5%，钙、磷比例达 12∶1 时，也不影响家兔的生长发育，骨质也正常。但最近研究表明，泌乳母兔采食过量的钙（4%）或磷（1.9%）会导致繁殖能力显著变化，发生多产性或增加死胎率。

7. 可以有效利用饲料中的植酸磷

植酸是谷物和蛋白质补充料中的一种有机物质，它和饲料中的磷形成一种难以吸收的复合物质，即植酸磷。一般非反刍动物不能有效利用植酸磷，而家兔则可借助盲肠和结肠中的微生物，将植酸磷转变为有效磷，使它得到充分利用。因此，降低饲料中无机磷的添加量，不仅对兔生长无不良影响，同时也减少了粪便中磷的排泄量，减轻磷

对环境的污染。

8. 可以利用无机硫

在家兔饲料中添加硫酸盐或硫黄，对家兔增重有促进作用。据同位素示踪试验，经口服的硫酸盐可被家兔利用，合成胱氨酸和蛋氨酸，这种由无机硫向有机硫的转化，与家兔盲肠微生物的活动和家兔食粪习性有关。

胱氨酸、蛋氨酸均为含硫氨基酸，是家兔限制性氨基酸饲料中最易缺乏的。生产中利用家兔可将无机硫转化为含硫氨基酸这一特点，在饲料中加入价格低、来源广的硫酸盐来补充含硫氨基酸的不足，从经济方面考虑是可行的。

9. 消化道疾病发生率高

家兔特别容易发生消化系统疾病，尤其是腹泻。仔兔、幼兔一旦发生腹泻，死亡率很高。造成腹泻的主要诱发因素有高碳水化合物、低纤维饲料（低木质素），断奶不当，腹部着凉，饲料过细，体内温度突然降低，饮食不卫生和饲料突变等。

二、家兔的采食习性

1. 草食性

家兔属单胃草食动物，以植物性饲料为主，主要采食植物的根、茎、叶和种子。家兔特异的口腔构造，较大容积的消化道，特别发达的盲肠和特异淋巴球囊的功能等，都是对草食习性的适应。

2. 择食性

家兔对饲料具有选择性，像其他草食动物一样，喜欢吃素食，不喜欢吃鱼粉、肉骨粉等动物性饲料。在各类饲草中，家兔喜欢吃多叶性饲草，如豆科牧草；相比之下，不太喜欢吃叶脉平行的草类，如禾本科草等。家兔喜欢吃带甜味或添加植物油（如玉米油等）的饲料。颗粒料与粉料相比，家兔喜欢采食颗粒料。

3. 夜食性

家兔是由野生穴兔驯化而来的，至今仍保留着昼伏夜行的习性，夜间十分活跃，采食、饮水频繁。据测定，家兔夜间采食和饮水量占全天采食和饮水量的75%左右。白天除采食、饮水活动外，大部分时间处于静卧和睡眠状态。根据家兔这一习性，应合理安排饲养日程。晚上要喂给充足的饲料和饮水，尤其冬季夜长时更应如此。白天除饲喂和必要的管理工作外，尽量不要影响家兔的休息和睡眠。

4. 啃咬性

家兔的大门齿是恒齿，不断生长，必须啃咬硬物，以磨损牙齿，使之保持上下颌牙齿齿面的吻合。当饲料硬度小而牙齿得不到磨损时，就寻找易咬物体，如食槽、门、产箱、踏板等。因此，加工颗粒饲料时，应经常检查其硬度。

不得已饲喂粉料时，可在兔笼内放入一些木板、树枝或笼上吊挂金属铁链等，让兔啃咬磨牙。制作兔笼、用具时，所用材料要坚固；笼内要平整，尽量不留棱角，以延长其使用寿命。

5. 异食癖

家兔除了正常采食饲料和吞食粪便外，有时会出现食仔、食毛等异常现象，称为异食癖。

第二节　家兔的营养需要

一、蛋白质

蛋白质是维持生命活动的基本成分，是兔体、兔皮、兔毛生长不可缺少的营养成分。

1. 蛋白质的组成

（1）蛋白质的元素组成　组成蛋白质的主要元素是碳、氢、氧、氮，多数的蛋白质含有硫，少数含有磷、铁、铜和碘等元素。

（2）蛋白质的氨基酸组成　蛋白质是由氨基酸组成，通过肽键连接而成的多肽链，大多数蛋白质至少含有100个氨基酸残基，但构成蛋白质的常见氨基酸只有20种。

家兔有10种必需氨基酸，分别为蛋氨酸、赖氨酸、精氨酸、

苏氨酸、组氨酸、异亮氨酸、亮氨酸、苯丙氨酸、色氨酸、缬氨酸，因为它们不能在家兔的体内合成。生产中使用普通饲料原料时，赖氨酸、含硫氨基酸和苏氨酸属第一限制性氨基酸。

2. 蛋白质的营养生理作用

（1）机体和家兔产品的重要组成部分 蛋白质是机体各器官中除水外，含量最多的养分，占干物质的50%，占无脂固形物的80%。蛋白质也是家兔产品乳、毛的主要组成成分。

（2）机体内生物学功能的载体 蛋白质的生物学功能具有多样性，包括催化、调节、转运、储存、运动、结构成分、支架作用、防御和进攻、异常功能等。

（3）组织更新、修补的主要原料 在动物的新陈代谢过程中，组织和器官蛋白质的更新、损伤组织的修补都需要蛋白质。

（4）供能和转化为糖、脂肪 在机体能量供应不足时，蛋白质可分解供能，维持机体的代谢活动。动物摄入蛋白质过多或氨基酸不平衡时，多余的蛋白质也可转化为糖、脂肪或分解供能。

3. 蛋白质的需要量

蛋白质含量常用粗蛋白质和表观可消化蛋白质来表示，单位为%。实际上，由于家兔有特殊的氨基酸需要，氨基酸的粪表观消化率和回肠氨基酸真消化率的数据更为可靠，但是该数据目前应用较少。

由于家兔食欲的化学静态调节，家兔对氮的需要量最客观的表达是与饲粮能量有关的DP（可消化蛋白质）与DE（消化能）的比例，即可通过可消化蛋白质与消化能之比来表达，它直接与氮的沉积和排出有关。

（1）维持需要量 生长兔每天可消化蛋白质维持需要量（DPm）约为2.9克/千克$LW^{0.75}$。泌乳母兔、泌乳+妊娠母兔每天可消化蛋白质维持需要分别为3.73克DE/千克$LW^{0.75}$和3.76~3.80克DE/千克$LW^{0.75}$。非繁殖成年兔与生长兔的DPm相同。

（2）生长需要量 可消化蛋白质的需要随生长速度而改变。

一般认为，生长兔每4184千焦DE需要46克DCP（可消化粗蛋白质)。兔饲料蛋白质消化率平均为70%，饲料DE含量为10.04千焦/千克时，就可计算CP（粗蛋白质）含量：

生长兔饲料的最低粗蛋白质含量=46×(10.04/4184)/0.70×100%=15.8%，即每千克饲料含粗蛋白质158克。

青年母兔饲料蛋白质的水平推荐为15.0%~16%，青年公兔为10.5%~11%。

在考虑蛋白质含量的同时，要注意蛋能比。青年母兔、青年公兔的DP/DE为10.5~11.0克/兆焦。

生长兔饲料中不仅要有一定量的蛋白质，氨基酸也极为重要，尤其是限制性氨基酸，如赖氨酸、含硫氨基酸、苏氨酸和精氨酸。从图1-4可知，生长兔赖氨酸的最佳含量为0.75克/千克。

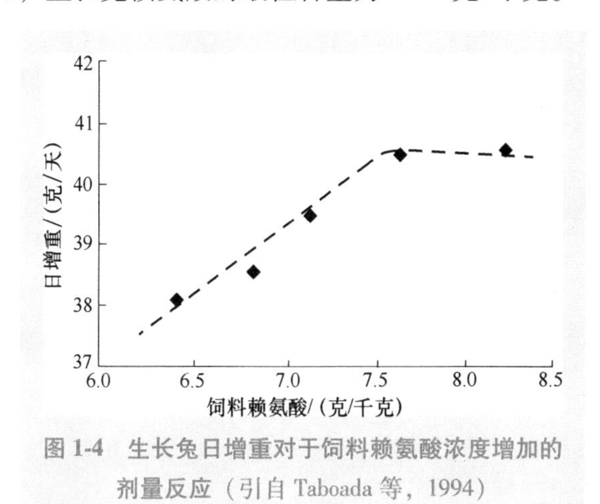

图1-4 生长兔日增重对于饲料赖氨酸浓度增加的剂量反应（引自Taboada等，1994）

(3) 繁殖母兔需要量 兔乳中蛋白质、脂肪含量丰富，为牛乳的3~4倍，其能值大约有1/3由蛋白质提供，因此繁殖母兔每4184千焦DE需51克DCP。饲料蛋白质的平均消化率为73%，饲粮DE含量为10.46兆焦/千克，计算出CP含量为：

繁殖母兔饲料的最低粗蛋白质含量=51×(10.46/4184)/0.73×100%=17.5%，即每千克饲料含粗蛋白质175克。

(4) 成年兔需要量 成年兔用于维持的粗蛋白质需要量很低，

一般13%就可满足其需要。

家兔不仅需要一定量的蛋白质，还需要一些必需氨基酸。表1-3中列出了繁殖母兔、断奶兔、育肥兔饲料中粗蛋白质和氨基酸的最低推荐量。

表1-3 家兔饲料中粗蛋白质和氨基酸的最低推荐量

饲料水平（89%~90%的干物质）	繁殖母兔	断奶兔	育肥兔
消化能/(兆焦/千克)	10.46	9.52	10.04
粗蛋白质（%）	17.5	16.0	15.5
可消化蛋白质（%）	12.7	11.0	10.8
精氨酸（%）	0.85	0.90	0.90
组氨酸（%）	0.43	0.35	0.35
异亮氨酸（%）	0.70	0.65	0.60
亮氨酸（%）	1.25	1.10	1.05
赖氨酸（%）	0.85	0.75	0.70
蛋氨酸+胱氨酸（%）	0.62	0.65	0.65
苯丙氨酸+酪氨酸（%）	0.62	0.65	0.65
苏氨酸（%）	0.65	0.60	0.60
色氨酸（%）	0.15	0.13	0.13
缬氨酸（%）	0.85	0.70	0.70

（5）皮用兔、毛用兔的蛋白质需要量 皮用兔和毛用兔的终产品（皮和毛）中的含氮化合物和含硫氨基酸含量高，因而对它们的蛋白质营养需要应特别关注。据刘世明等（1989）的测定结果，每克兔毛中含有0.86克的蛋白质，可消化蛋白质用于产毛的效率约为43%，即每产1克毛，需要2克的可消化蛋白质。

一般建议，皮用兔饲料中的蛋白质含量最少应为16%，含硫氨基酸（蛋氨酸、胱氨酸）最少为0.7%。毛用兔的蛋白质含量根据产毛量来确定，但其中含硫氨基酸最少应为0.7%。

（6）蛋白质不足或过量的危害 蛋白质不足时，家兔生长速度下降；母兔发情不正常、胎儿发育不良、泌乳量下降；公兔精子密度小，品质降低。换毛期延长；出现食毛现象。獭兔被毛质量下降。毛用兔产毛量下降，兔毛品质不良。

蛋白质过量时，过多蛋白质产物在家兔体内脱去氨基，并在肝脏合成尿素，由肾脏排出，从而加重了器官的负担，对健康不利，严重的会引起蛋白质中毒。同时，家兔摄入蛋白质过多，由于蛋白质在胃、小肠内的消化不充分，大量进入盲肠和结肠，使正常的微生物区系遭到破坏，而非营养性微生物，特别是魏氏梭菌等病原微生物大量繁殖，产生毒素，引起腹泻，导致死亡。大量的氮排放还会导致环境污染加剧。

二、能量

1. 能量的概念、单位、能量体系

（1）概念 能量可定义为做功的能力。动物的所有活动，如呼吸、心跳、血液循环、肌肉活动、神经活动、生长、生产产品（繁殖、泌乳等）等都需要能量。

（2）能量的单位 传统的能量单位为卡，1卡相当于使1克蒸馏水温度升高1℃的能量消耗。1千卡=1000卡，1兆卡=1000千卡。国际标准单位为焦耳，1千焦=1000焦，1兆焦=1000千焦。

卡与焦耳可以互换，换算关系如下：1卡=4.184焦。

（3）家兔的能量体系 动物摄入的饲料能量伴随着养分的消化代谢过程发生一系列转化，饲料能量可相应划分成若干部分（图1-5）。每部分的能值可根据能量守恒和转化定律进行测定和计算。

目前，评价家兔的能量体系一般用消化能（Digestible Energy，DE），是指饲料可消化养分所含的能量，即家兔摄入饲料的总能（Gross Energy，GE）与粪能（Fecal Energy，FE）之差。即

$$DE=GE-FE$$

式中，FE为粪中物质所含的总能，称为粪能。

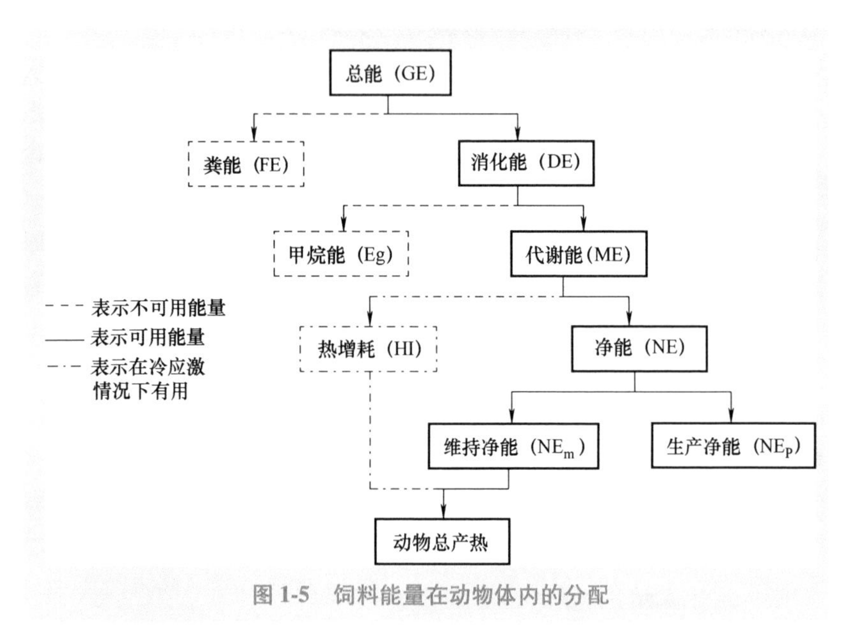

图1-5 饲料能量在动物体内的分配

家兔对饲料的能量利用率见图1-6。

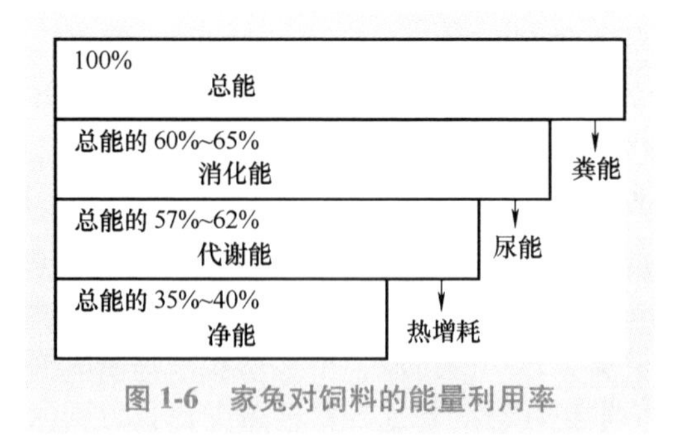

图1-6 家兔对饲料的能量利用率

2. 能量来源

能量主要来源于碳水化合物、脂肪和蛋白质。其中碳水化合物是主要的能量来源。一般饲料中碳水化合物含量最高。脂肪是含能量最高的营养素，其有效能值大约为碳水化合物的 2.25 倍。蛋白质必须先分解为氨基酸，氨基酸脱氨基后再氧化释放能量，能量利用效率较低。试验数据表明，家兔的脂肪和蛋白质具有独特的能值，分别为 35.6 兆焦/千克和 23.2 兆焦/千克。

3. 能量的需要量

影响家兔能量需要量的因素有：品种、生理阶段、年龄、性别和环境温度等，不同生理阶段家兔的能量需要量不同。

（1）维持需要量 家兔的维持需要量与代谢体重和生理状况有关。

生长兔每天消化能维持需要量平均为 430 千焦/千克 $LW^{0.75}$，每天代谢能维持需要量为 410 千焦/千克 $LW^{0.75}$。

每天消化能维持需要量的建议值为：空怀母兔 400 千焦/千克 $LW^{0.75}$，妊娠或泌乳母兔 430 千焦/千克 $LW^{0.75}$，泌乳期的妊娠母兔 470 千焦/千克 $LW^{0.75}$。

（2）生长兔的能量需要量 试验数据表明，当饲料消化能为 10~10.5 兆焦/千克时，生长兔平均日增重最高。

（3）繁殖母兔的能量需要量 母兔的能量需要量=维持需要量+泌乳需要量+妊娠需要量+仔兔生长需要量。母兔能量需要量与所处生理阶段等有关，表 1-4 是不同生理阶段高产母兔总的能量需要量。

表 1-4 高产母兔在繁殖周期不同生理阶段的能量需要量（4 千克标准母兔的需要量）

阶段		维持/（千焦/天）	妊娠/（千焦/天）	泌乳/（千焦/天）	总计/（千焦/天）	饲料/（克/天）
青年母兔（妊娠）（3.2 千克）		240	130		370	148
妊娠母兔	0~23 天	285	95		380	154
	24~31 天	285	285		570	228
泌乳母兔	10 天	310		690	1000	400
	17 天	310		850	1160	464
	25 天	310		730	1040	416

（续）

阶段		维持/（千焦/天）	妊娠/（千焦/天）	泌乳/（千焦/天）	总计/（千焦/天）	饲料/（克/天）
泌乳+妊娠	10天	310		690	1000	400
	17天	310	95	850	1255	502
	25天	310	95	730	1135	454

注：1. 假定每千克饲料能量含量为10.46千焦。
2. 包括妊娠和仔兔生长阶段。
3. 产奶量：10天时为235克；17天时为290克；25天时为220克。

（4）产毛能量需要量 据刘世明等（1989）报道，每克兔毛含能量约为21.13千焦，消化能用于毛中能量沉积效率为19%，所以每产1克毛需要供应大约111.21千焦的消化能。

（5）能量不足或过量的危害 能量不足时，生长兔增重速度减慢，饲料利用率下降。

能量过高时，饲料中碳水化合物比例增加，家兔尤其是幼兔消化道疾病发病率升高；母兔肥胖，发情紊乱，不孕、难产或胎儿死亡率升高；公兔配种能力下降。同时饲料成本升高。

三、脂肪

1. 脂类、脂肪的概念

脂类可分为简单的脂质和复杂的类脂，前者不含脂肪酸（FA），后者与脂肪酸酯化。脂肪是由碳、氢、氧组成的复杂有机物，以能溶于非极性有机溶剂为特征。

甘油三酯可以被称为真脂，因为它们是动、植物有机体贮存能量最典型的形式。因此，只有这种脂类具有真正的营养价值。

2. 脂肪的营养作用

（1）供能和储能的作用 甘油三酯是饲料中产生能量最高的成分，平均产生的能值是其他成分（如蛋白质和淀粉）的2.25倍。

（2）提高适口性 适量的脂肪可提高饲料适口性，增加家兔采食量。

(3) 促进脂溶性营养素的吸收 脂肪是脂溶性维生素良好的溶剂，有利于机体对脂溶性维生素和脂类的吸收。

(4) 刺激免疫系统发育、改变脂肪酸谱，提高兔肉营养价值和皮毛光泽度 断奶兔饲料中添加脂肪，可以改善体况，刺激免疫系统发育和保持身体健康。生长兔和育肥兔饲料中补充脂肪有利于改变脂肪酸谱和兔肉的营养价值。同时，可以改善家兔皮毛光泽度。

3. 脂肪的需要量

集约化生产方式中，添加1%~3%的脂肪是必要的。家兔饲料中脂肪的适宜含量为3%~ 5%。最新研究表明，育肥兔饲料中脂肪比例增加到5%~8%，可改善育肥性能，促进产品品质的提高。

家兔饲料中必须有一定量的必需脂肪酸，即n-3脂肪酸（第一双键在3碳位）和n-6脂肪酸（第一双键在6碳位）。常用的必需脂肪酸是亚油酸和亚麻酸。添加脂肪以植物油为好，如玉米油、大豆油和葵花籽油等。

4. 脂肪含量过低、过高的影响

饲料中脂肪含量过低，会引起维生素A、维生素D、维生素E和维生素K营养缺乏症，兔皮、兔毛品质下降。

脂肪含量过高，饲料成本升高，且不易贮存，增加了胴体脂肪含量。同时，饲料不易颗粒化。在热环境下，还会降低家兔抗热应激的潜力。

四、碳水化合物

碳水化合物是多羟基的醛、酮或其简单衍生物及能水解产生上述产物的化合物的总称。碳水化合物中淀粉、纤维对家兔营养和肠道健康影响较大。

1. 淀粉

(1) 概念 淀粉（α-葡聚糖）是一种绿色植物储存的主要多糖，并且是自然界中仅次于纤维素的含量最丰富的碳水化合物。

(2) 淀粉的需要量

1）仔兔的需要量。研究表明，饲料的淀粉水平（与纤维素和脂肪

的改变相关联）对仔兔从开始吃饲料到断奶这段时间死亡率的影响并不大。这是因为乳是仔兔养分摄取的重要部分，并有保护健康的功效。

2）生长兔的需要量。已经证明家兔对消化紊乱的敏感性在断奶后会增加，这是由于这个时间出现了许多生理学的改变。研究表明，大肠内有过多的能迅速发酵的碳水化合物时，增加了断奶兔发生消化紊乱的可能性。饲料中淀粉含量应低于通常的15%~15.5%，甚至更低一些。

3）成年兔的需要量。当饲料的淀粉含量处于常用水平，淀粉摄入量与成年兔消化紊乱的关系很有限。

2. 纤维

（1）定义 饲料纤维一般定义为：对哺乳动物的内源酶消化和吸收具有抗性，并能在肠道内被部分或全部发酵的饲料成分。它根据存在部位不同，分为以下两组：

1）细胞壁成分：包括水溶性非淀粉多糖（如部分β-葡聚糖、阿拉伯木聚糖和果胶质）、水不溶聚合物（如木质素、纤维素、半纤维素和果胶质）。

2）细胞质成分：低聚糖、果聚糖、抗性淀粉和甘露聚糖。

（2）纤维的表示方法 粗纤维是传统表示方法。目前替代粗纤维的较为先进的表示方法是用范氏（Van Soest）分析方法将纤维分为中性洗涤剂纤维（NDF）、酸性洗涤纤维（ADF）、酸性洗涤木质素（ADL）等。饲料纤维测定的重量分析法和残渣分析的识别见图1-7。

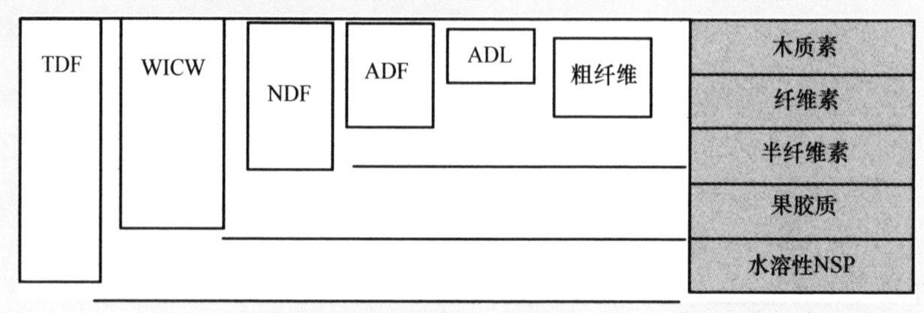

图1-7 饲料纤维测定的重量分析法和残渣分析的识别

(3) 纤维的作用

1）提供能量。纤维经盲肠微生物发酵，产生挥发性脂肪酸（VFA），挥发性脂肪酸在大肠很快被吸收并为家兔提供常规能源。家兔盲肠内挥发性脂肪酸组成（谱）比较特别：占绝对优势的是乙酸（77 毫摩尔/100 毫升），其次是丁酸（17 毫摩尔/100 毫升），最少的是丙酸（6 毫摩尔/100 毫升），其含量的多少受到纤维含量的影响。

2）维持肠胃正常蠕动，刺激肠胃发育。肠胃正常蠕动是影响养分吸收的重要因素。饲料中未发酵的纤维通过机械作用影响肠胃蠕动和食糜滞留时间。而发酵部分则可通过发酵产物来影响肠胃蠕动和食糜流通速度。粗纤维可促进消化道蠕动、刺激消化液分泌，使肠胃有一定充盈度，促进肠胃充分发育，以满足家兔高产阶段的采食量。

研究表明，细胞壁成分（粗纤维或酸性洗涤纤维）含量高的饲料可以降低家兔的死亡率。纤维的保护性作用表现为刺激回肠-盲肠运动，避免食糜存留时间过长。饲料中的纤维不仅在调节食糜流动中起重要作用，而且也决定了盲肠微生物增殖的范围。

饲料中不仅要有一定量的粗纤维，还要有一定水平的木质素。法国的一个研究小组已经证实了饲料中木质素对食糜流通速度的重要作用及其防止腹泻的保护作用。

消化紊乱所导致的死亡率与他们试验饲料中的木质素水平密切相关（$r=0.99$）。关系式表示如下：

$$死亡率=15.8-1.08\,木质素(n>2000)$$

以上关系式表示，随着饲料中木质素增加，家兔消化道疾病导致的死亡率呈现下降的趋势。

3）预防毛球症。家兔胃壁肌肉收缩力弱，胃内容物排空相当困难，因此误食入胃内的兔毛易粘成团在胃内积存，引发毛球症。饲料中保持适宜的粗纤维，可促使肠胃的蠕动，将兔毛排出体外，防止发生毛球症（图 1-8）。

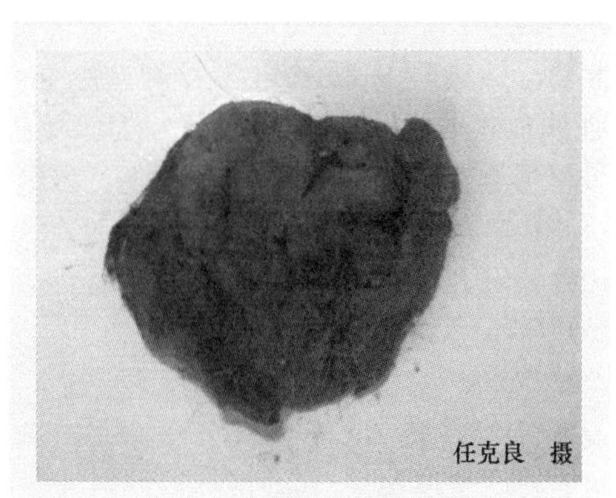

图 1-8 家兔胃中取出的毛球

3. 淀粉、纤维的需要量

一般传统的观点认为：家兔饲料中粗纤维含量以 12%~16% 为宜。粗纤维含量低于 6% 会引起腹泻。粗纤维含量过高，生产性能下降。

表 1-5 中给出了繁殖母兔、断奶的青年兔、育肥兔饲料中淀粉和纤维的推荐量。纤维推荐量以平均水平为基础。根据健康状况，这个值可适当增加或减少。

表 1-5 饲料中淀粉和纤维的推荐量（质量分数，%）

饲料水平（85%~90%干物质）	繁殖母兔	断奶的青年兔	育肥兔
淀粉	自由采食	13.5	18.0
酸性洗涤纤维（ADF）	16.5	21	18
酸性洗涤木质素（ADL）	4.2	5.0	4.5
纤维素（ADF-ADL）	12	16	13.5

五、水

水是兔体的主要成分，约占体内瘦肉重的 70%。水对于饲料的消化、吸收、机体内的物质代谢、体温调节来说都是必需的。家兔缺水比缺饲料更难维持生命。

水的来源有饮用水、饲料水和代谢水。仅喂青绿粗饲料时，可能不需要饮水，但对生长发育快、泌乳母兔来说供给饮水还是必要的。

家兔可以根据饲料和环境温度调节饮水量。在适宜的温度条件下，青年兔采食量与饮水量的比率稍低于1.7∶1。成年兔这一比率则接近2∶1。

饮水量和采食量随环境温度和湿度的变化而变化，因此建议让家兔自由饮水（图1-9）。

图1-9　自由饮水

缺水的影响：生长兔采食量急剧下降，并在24小时内停止采食。母兔泌乳量下降，仔兔生长发育受阻。

限制饮水量或饮水时间，会导致饲料采食量与饮水量呈比例性下降，因此有时被用来作为限制饲养的间接方法。但是从动物福利的观点出发，这种方法是不能被接受的。

饮用水应该清洁、新鲜、不含生物和化学物质。

家兔无缘无故地采食量减少，首先考虑有无饮水或检查饮水是否被污染，然后再考虑其是否患病。要定期检查水桶、水管是否被兔毛堵塞或被苔藓所污染。

六、矿物质

矿物质是家兔机体的重要组成成分，也是机体不可缺少的营养物质，其含量占机体5%左右。矿物质可分为常量元素（钙、磷、镁、钾、钠、氯、硫）和微量元素（铁、铜、锰、锌、硒、碘、钴），前者需要量大于后者。

1. 常量元素

（1）钙、磷 钙、磷约占体内总矿物质的65%~70%。钙、磷是骨骼的主要成分，参与骨骼的形成，还参与其他代谢等。钙的代谢与其他畜种存在较大差异。

家兔可以很好地利用植酸磷，这是由于家兔盲肠微生物能够产生植酸酶。大多数磷通过软粪和食粪进行循环，从而使植酸磷几乎完全被吸收。

1）钙、磷的营养需要量：生长-育肥兔钙的推荐剂量为0.4%~1.0%，磷为0.22%~0.7%。母兔饲料中的钙为0.75%~1.5%，磷为0.45%~0.8%。

2）钙、磷缺乏或过量的危害：缺乏钙、磷和维生素D时，幼兔可引起软骨症；成年兔可发生溶骨作用；妊娠母兔在产前和产后发生类似于奶牛产乳热的综合征，表现为食欲缺乏，抽搐，肌肉震颤，耳下垂，侧卧躺地，最终死亡。若注射葡萄糖酸钙可在2小时内使家兔迅速康复。

过高的钙可引起白色尿液、钙质沉着症和尿结石（图1-10）；导致软组织的钙化和降低磷的吸收。过量的磷可能降低采食量和降低母兔的多胎率。

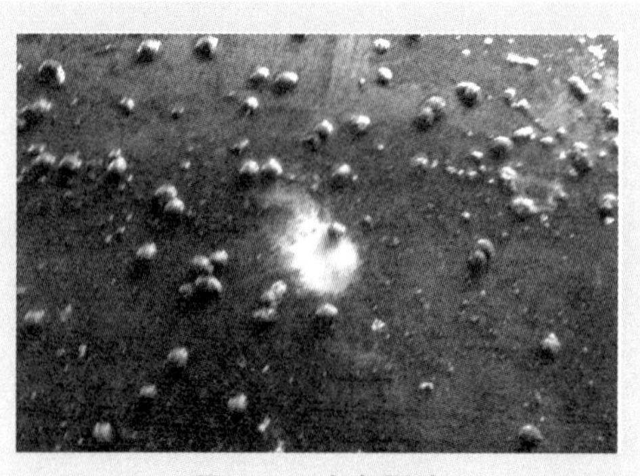

图1-10　白色尿液

(2) 镁 镁是构成骨骼和牙齿的成分（身体所含镁的70%存在于骨骼中），为骨骼正常发育所必需。作为多种酶的活化剂，在糖、蛋白质代谢中起重要作用，保证神经、肌肉的正常机能。

1）镁的需要量：镁的推荐量为0.34%。

2）镁不足或过量的危害：镁不足时，家兔生长缓慢，食毛，神经、肌肉兴奋性提高，发生痉挛。每千克饲料中含镁量低至5.6毫克时，则会发生脱毛，耳朵苍白，被毛结构与光泽变差。过量的镁会通过尿排出，所以，多量添加镁很少导致严重的副作用。

(3) 钾 钾在维持细胞内液渗透压、酸碱平衡和神经、肌肉兴奋中起重要作用，同时还参与糖的代谢。钾还可促进粗纤维的消化。

1）钾的需要量：钾的推荐量为0.6%~1.0%。

2）钾不足或过量的危害：缺钾时会发生严重的进行性肌肉不良等病理变化，包括肌肉无力、瘫痪和呼吸性窘迫。钾过量时，采食量下降，肾炎发病率高，还会影响镁的吸收。

(4) 钠、氯 钠和氯在维持细胞外液的渗透压中起重要作用。钠和其他离子一起参与维持肌肉、神经正常的兴奋性，参与肌体组织的传递过程，并保持消化液呈碱性。氯则参与胃酸的形成，保证胃蛋白酶作用所必需的pH，故与消化机能有关。

1）钠和氯的需要量：生长兔、泌乳母兔饲料中推荐量为0.5%和0.3%。

2）钠和氯不足或过量的危害：长期缺乏钠、氯会影响仔兔的生长发育和母兔的泌乳量，并使饲料的利用率降低。过高时，会引起家兔中毒。

(5) 硫 硫的作用主要通过含硫有机物来实现，如含硫氨基酸合成体蛋白、被毛和多种激素。硫胺素参与碳水化合物代谢。硫作为黏多糖的成分参与胶原和结缔组织的代谢等，对毛、皮生长有重要的作用。

1）硫的需要量：常用饲料中硫的含量一般在0.2%以上，一般不需要补充。

2）硫不足的危害：缺乏时表现皮毛质量下降，表现为粗毛率提高，皮张质量下降，毛用兔产毛量下降。

2. 微量元素

微量元素定义为每天需要量以毫克计算的矿物质元素，并且在饲料中的含量以毫克/千克来表达。微量元素包括铁、铜、锰、锌、硒、碘和钴。家兔需要的，但在实际生产条件下不需要补充的微量元素有钼、氟和铬。

（1）铁 铁为形成血红蛋白和肌红蛋白所必需的，是细胞色素类和多种氧化酶的成分。

家兔能通过胎盘吸收适量的铁。如果给母兔饲料补充适当的铁，则家兔在出生时会有足够的铁储备。因此家兔不像仔猪一样，其存活需要外源铁的补充。

1）铁的需要量：推荐每千克饲料中铁为50毫克。

2）铁不足或过量的危害：家兔缺铁时则发生低血红蛋白性贫血和其他不良现象。家兔初生时机体就储有铁，一般断奶前是不会患缺铁性贫血的。

（2）铜 铜是多种氧化酶的组成成分，参与机体许多代谢过程。铜在造血、促进血红素的合成过程中起重要作用。此外，铜与骨骼的正常发育、繁殖和中枢神经系统机能密切相关，还参与毛中蛋白质的形成。

1）铜的需要量：推荐每千克饲料中铜为10毫克。铜与钼呈拮抗作用，硫的存在更加剧了这种拮抗作用。

2）铜不足或过量的危害：铜缺乏时，会引起家兔贫血，生长发育受阻，有色毛脱色，毛质粗硬，骨骼发育异常，异食，运动失调和神经症状，腹泻及生产能力下降。高铜（100~400毫克/千克）能够提高家兔的生长性能，但对环境造成污染。

（3）锰 锰参与骨骼基质中硫酸软骨素的形成，为骨骼正常发育所必需的。锰与繁殖、神经系统及碳水化合物和脂肪代谢有关。

1）锰的需要量：为每千克饲料中含8~15毫克。

2）锰不足或过量的危害：家兔缺乏时骨骼发育不正常，繁殖机能降低，表现为腿弯曲，骨脆，骨骼重量、密度、长度及灰分量减少等症状。母兔则表现为不易受胎或生产弱小的仔兔。过量时能抑制血红蛋白的形成，甚至还可能产生其他毒副作用。

（4）锌 锌为体内多种酶的成分，其功能与呼吸有关，为骨骼正常生长和发育所必需的，也是上皮组织形成和维持其正常机能所不可缺少的。锌对家兔的繁殖有重要的作用。

1）锌的需要量：一般为25~60毫克/千克。

2）锌不足或过量的危害：缺乏时表现为掉毛，皮炎，体重减轻，食欲下降，嘴周围肿胀，下巴及颈部毛湿而无光泽，繁殖机能受阻，母兔拒配，不排卵，自发流产率增高，分娩过程出现大量出血，公兔睾丸和副性腺萎缩等。饲料中钙含量高时，极易出现锌的缺乏症。高锌对铜的吸收不利，对环境也会造成污染。

（5）硒 硒是机体内过氧化酶的成分，它参与组织中过氧化物的解毒作用，但家兔防止过氧化物损害方面，主要依赖于维生素E而不是硒。

1）硒的需要量：在家兔饲料中补充0.05毫克/千克硒是必要的。

2）硒不足或过量的危害：缺乏时，表现为粗毛率提高、皮张质量下降，毛兔产毛量下降。过量的硒可造成家兔中毒。

（6）碘 碘是甲状腺素的组成部分，碘还参与机体几乎所有的物质代谢过程。

1）碘的需要量：为0.2~1.1毫克/千克，若使用海产盐，无须再补加碘。如果家兔饲喂甘蓝、芜菁和油菜籽等富含甲状腺肿原时，要增加碘的添加量。

2）碘不足或过量的危害：缺碘时，表现甲状腺明显肿大，当饲喂富含存在甲状腺肿物原时，这种病的发病率就会增加。母兔生产的仔兔体弱或死胎，仔兔生长发育受阻等。过量碘能使新生的仔兔死亡率增高并引起碘中毒。

（7）钴 钴是维生素B_{12}的组成成分，也是很多酶的成分，与蛋白质、碳水化合物代谢有关。家兔消化道微生物利用无机钴合成维生素 B_{12}。

1）钴的需要量：为 0.25 毫克/千克。

2）钴不足或过量的危害：很少患钴缺乏症。

七、维生素

维生素是一类动物代谢所必须的需要量极少的低分子有机化合物。

1. 维生素的分类和单位

维生素按其溶解性可分为以下 2 种。

（1）脂溶性维生素 可以溶于脂肪的为脂溶性维生素，包括维生素 A、维生素 D、维生素 E 和维生素 K。一般来说它们会在机体内贮存可观的数量（主要在肝脏和脂肪组织中），故短期内供应不足，家兔不表现缺乏症状，但长期供应不足，就会出现临床症状。脂溶性维生素主要通过胆汁随粪便排出体外。

（2）水溶性维生素 水溶性维生素包括 B 族维生素和维生素 C。水溶性维生素不能在机体内贮存，因此要不断地给动物提供。

此外还有一类物质如胆碱、肌醇等，目前尚未确定为维生素，但在不同程度上具有维生素的属性，故称之为类维生素或假维生素。

维生素单位用国际单位/千克、毫克/千克表示。

2. 维生素的营养特点

1）它们不参与机体的构成，也不是能源物质，主要以辅酶和催化剂的形式广泛参与机体内新陈代谢，从而保证机体组织器官的细胞结构和功能正常。

2）除胆碱之外，维生素的需要量甚微。

3）维生素缺乏会导致生产性能下降和出现症状。

4）有的维生素需要从饲料中提供，有的则在肠道微生物（或皮肤）中合成。

3. 各种维生素生理功能、推荐量及缺乏症、中毒症（表 1-6）

表 1-6　各种维生素生理功能、推荐量及缺乏症、中毒症

种类	生理功能	机体可否合成	推荐量	缺乏症、中毒症	备注
维生素 A	防止夜盲症和眼干燥症，保证家兔正常生长，骨骼、牙齿正常发育，保护皮肤、消化道、呼吸道和生殖道的上皮细胞完整。增强兔体抗病能力	–	6000 ~ 12000 国际单位/千克饲料	缺乏时易引起繁殖力下降（降低母兔的受胎率、产奶量，增加流产率和胎儿吸收率）、眼病和皮肤病。过量时易引起中毒反应	
维生素 D	对钙、磷代谢起重要作用	+(皮肤)	900 ~ 1000 国际单位/千克饲料	缺乏时会引起生长兔的软骨病（佝偻病）、成年兔的骨软化症和产后瘫痪。过量时可诱发钙质沉着症，日粮中添加高铜可以抑制沉着症的发生	
维生素 E（生育酚）	主要参与维持正常繁殖机能和肌肉的正常发育，在细胞内具有抗氧化作用	–	40 ~ 60 毫克/千克饲料	缺乏时主要症状是生长兔肌肉萎缩症（营养不良）和繁殖性能下降及妊娠母兔的流产率和死胎增加，还可引起心肌损伤、渗出性素质、肝功能障碍、水肿、溃疡和无乳症等。过量时易引起中毒	繁殖器官感染和炎症及患球虫病时，维生素 E 需求量增加

（续）

种类	生理功能	机体可否合成	推荐量	缺乏症、中毒症	备注
维生素 K	与凝血机制有关，是合成凝血素和其他血浆凝固因子所必需的物质，最新研究表明，也与骨钙素有关	+（肠道微生物）	1~2 毫克/千克饲料	缺乏时，导致生长兔出血、跛行及妊娠母兔胎盘出血及流产。肝型球虫病和某些含有双香豆素的饲料（如草木樨）能影响维生素 K 的吸收和利用	饲料中含有抗代谢药物（如霉变原料、氨丙啉）时，需增加维生素 K 的补充量
维生素 B_1（硫胺素）	是糖和脂肪代谢过程中某些酶的辅酶	+（肠道微生物）	0.8~1.0 毫克/千克饲料	缺乏时典型症状为神经障碍、心血管损害和食欲缺乏，有时会出现轻微的共济失调和松弛性瘫痪等	
维生素 B_2（核黄素）	构成一些氧化还原酶的辅酶，参与各种物质代谢	+（肠道微生物）	3~5 毫克/千克饲料	缺乏时症状出现在眼、皮肤和神经系统，以及繁殖性能降低等	
泛酸	辅酶 A 的组成成分，辅酶 A 在碳水化合物、脂肪和蛋白质代谢过程中有着重要的作用	+（肠道微生物）	20 毫克/千克饲料	缺乏时生长减缓、皮毛受损、神经紊乱、胃肠道紊乱、肾上腺功能受损和抗感染力下降	
生物素（维生素 H）	参与体内许多代谢反应，包括蛋白质与碳水化合物的相互转化和碳水化合物与脂肪的相互转化	+（肠道微生物）	0.2 毫克/千克饲料	缺乏时表现皮肤发炎、脱毛和继发性跛行等	饲喂含有抗生物素蛋白的生蛋白时，易出现缺乏症

（续）

种类	生理功能	机体可否合成	推荐量	缺乏症、中毒症	备注
烟酸（维生素 B_5、尼克酸）	与体内脂类、碳水化合物、蛋白质代谢有关。其作用是保护组织的完整性，特别是对皮肤、胃肠道和神经系统的组织完整性起到重要的作用	+（肠道微生物，组织内）	50~180 毫克/千克饲料	缺乏时引起脱毛、皮炎、被毛粗糙、腹泻，引起食欲下降和溃疡性病变。同时，会出现细菌感染和肠道环境的恶化	饲料中色氨酸可以转化为维生素 B_5
维生素 B_6（吡哆醇）	包括吡哆醇、吡哆醛和吡哆胺。参与有机体氨基酸、脂肪和碳水化合物的代谢。具有提高生长速度和加速血凝速度的作用，对球虫病的损伤有特殊的意义	+（肠道微生物）	0.5 ~ 1.5 毫克/千克饲料	维生素 B_6 缺乏导致生长迟缓、皮炎、惊厥、贫血、皮肤粗糙、脱毛、腹泻和脂肪肝等症状。还可导致眼和鼻周围发炎、耳周围的皮肤出现鳞状增厚，前肢脱毛和皮肤脱屑	
胆碱	作为磷脂的一种成分来建造和维持细胞结构；在肝脏的脂肪代谢中防止异常脂质的积累；生成能够传递神经冲动的乙酰胆碱；贡献不稳定的甲基，以生成蛋氨酸、甜菜碱和其他代谢产物	在肝脏中合成	200 毫克/千克饲料	缺乏症表现为生长迟缓，脂肪肝和肝硬化，以及肾小管坏死，发生进行性肌肉营养不良	甜菜碱可以部分取代对胆碱的需要（甲基供体）

（续）

种类	生理功能	机体可否合成	推荐量	缺乏症、中毒症	备注
叶酸	叶酸的作用与核酸代谢有关，对正常血细胞的生长有促进作用	+（肠道微生物）	生长-育肥兔0.1毫克/千克饲料；母兔1.5毫克/千克饲料	缺乏时血细胞的发育和成熟受到影响，发生贫血和血细胞减少症	母兔饲料中额外补充5毫克的叶酸可以提高生产性能和多胎性
维生素 B_{12}（钴胺素、钴维生素）	有增强蛋白质的效率、促进幼小动物生长作用	+（肠道微生物，合成与钴相关）	生长兔0.01毫克/千克饲料；母兔0.012毫克/千克饲料	缺乏时生长停滞，贫血，被毛蓬松，皮肤发炎、腹泻、后肢运动失调，母兔窝产仔数减少	饲料中能获得钴的情况下，通过食粪可获得可观数量的维生素 B_{12}
维生素C（抗坏血酸）	参与细胞间质的生成及体内氧化还原反应，参与胶原蛋白和肉碱的生物合成，刺激粒性白细胞的吞食活性。防止维生素E被氧化。具有抗热应激的作用	+（肠道微生物）；能够在肝脏中从D-葡萄糖合成	50~100毫克/千克饲料	缺乏时发生坏血病，生长停滞，体重降低，关节变软，身体各部分出血，导致贫血	添加维生素C必须采用包被形式，以免被氧化，尤其在潮湿条件下，以及铜、铁和其他微量元素接触的情况下

注："+"为可以合成；"-"为不能合成。

第二章
家兔常用饲料原料与绿色饲料添加剂

饲料是养兔的物质基础，饲料成本占养兔成本的60%~70%。抓好饲料这一环节是获得养兔正常生产和提高经济效益的重要保证。从2020年起，我国畜禽养殖全面进入禁抗时代，为此选择使用替代抗生素的高效绿色添加剂将是保证动物食品安全的必由之路。

第一节　家兔常用饲料原料

一、能量饲料

能量饲料是指饲料干物质中粗蛋白质含量低于20%，粗纤维含量低于18%，含消化能1.05兆焦/千克的饲料原料，对动物主要起供能作用。能量饲料主要包括谷实类、糠麸类、脱水块根、块茎及其副产品，动植物油脂及乳清粉等饲料。

1. 谷实类饲料

(1) 玉米　玉米也称苞谷、玉蜀黍等，为禾本科玉米属一年生草本植物。玉米产量高，其所含能量在谷类饲料中几乎列在首位，被誉为“饲料之王”。

1) 营养特点：玉米中的养分含量、营养价值见表2-1。影响玉米营养成分的因素有品种、水分含量、贮藏时间、破碎与否等。

2) 利用注意事项：采购玉米时主要检查容重（大于或等于660克/升）、含水量（小于或等于14.0%），不完整粒（小于或等于8.0%）等指标；是否发霉变质，杂质是否超标等。

家兔饲料中玉米比例以20%~35%为宜。

表 2-1　一些谷实饲料中的养分含量、营养价值

饲料名称	干物质(%)	粗蛋白质(%)	粗脂肪(%)	粗纤维(%)	中性洗涤纤维(%)	酸性洗涤纤维(%)	酸性洗涤木质素(%)	灰分(%)	淀粉(%)	钙(%)	总磷(%)	消化能/(兆焦/千克)
玉米	86.0	8.5	3.5	1.9	9.5	2.5	0.5	1.2	64.0	0.02	0.25	13.10
高粱	87.0	9.0	3.4	1.4	17.4	8.0	0.8	1.8	54.1	0.13	0.36	—
大麦(皮)	87.0	11.0	2.0	4.6	17.5	5.5	0.9	2.2	51.0	0.06	0.36	12.90
小麦	88.0	13.4	1.8	2.2	11.0	3.1	0.9	1.6	60.0	0.04	0.35	13.10
燕麦	88.0	10.6	—	11.1	28.0	13.5	2.2	2.6	37.0	0.01	0.03	10.90
稻谷	87.0	7.8	1.6	8.2	27.4	28.7	—	4.6	—	0.03	0.36	—
碎米	88.0	10.4	2.2	1.1	0.8	0.6	—	1.6	—	0.06	0.35	—

注：“—”表示数据不详、含量无或含量极少而不予考虑。

【提示】

玉米水分大小简易鉴别法：水分大的玉米，看上去籽粒粒形鼓胀，整个籽粒光泽性强、用手指捏压籽粒感觉较软、用牙齿咬碎时较容易、咬碎时声音低、用指甲掐不费劲等，反之，水分小。

【注意】

家兔饲料中玉米比例过高，容易引起盲肠和结肠碳水化合物负荷过重，使家兔出现腹泻，或诱发大肠杆菌和魏氏梭菌等疾病。

（2）高粱　高粱为禾本科高粱属一年生草本植物。

1）营养特点：高粱中的养分含量、营养价值见表 2-1。高粱中主要抗营养因子是单宁（鞣酸），其含量因品种不同而异，一般为0.2%~3.6%。

2）利用注意事项：适量的高粱有预防腹泻的作用，过高引起便秘。家兔饲料中以添加 5%~15%为宜。

【提示】

单宁具有苦涩味，适口性差，影响高粱养分消化利用率。

（3）大麦　大麦是皮大麦（普通大麦）和裸大麦的总称。皮大麦籽实外面包有一层种子外壳，是一种重要的饲用精料。

1）营养特点：大麦中的养分含量、营养价值见表 2-1。

2）利用注意事项：影响大麦品质的因素有麦角病和单宁。裸大麦易感染真菌中的麦角菌而得麦角病，造成籽实畸形并含有麦角毒，该物质能降低大麦适口性，甚至引起家兔中毒。大麦中含有单宁，单宁影响适口性和蛋白质消化利用率。大麦在家兔饲料中可占到 35%。

【注意】

麦角毒中毒症状：繁殖障碍，生长受阻，呕吐等。

【提示】

大麦种粒可以生芽，可作为家兔缺青季节良好的维生素补充饲料。具体方法是：先将籽实在45～55℃温水中浸泡36小时，捞出后以5厘米厚平摊在草席上，盖上塑料薄膜，温度维持在25℃，每天用35℃温水喷洒5次，这样1周便可发芽，当长到8厘米时可采集喂兔。

（4）小麦 小麦是人类的主要粮食之一，极少用作饲料，但在小麦价格低于玉米时，也可作为家兔饲料。

1）营养特点：小麦中的养分含量、营养价值见表2-1。

2）利用注意事项：小麦适口性好，家兔饲料中小麦控制在15%以内。用小麦做能量饲料，能改善兔用颗粒饲料硬度，减少粉料比例。麦粒也可生芽喂兔。

（5）燕麦 燕麦为禾本科燕麦属一年生草本植物。

1）营养特点：燕麦中的养分含量、营养价值见表2-1。燕麦中所含稃壳比例较大，因而其粗纤维含量较高（11.1%），含能值较低；淀粉含量低；蛋白质含量为10.6%，品质差。脂肪中不饱和脂肪酸比例较大，因此不宜久存。

2）利用注意事项：燕麦的添加量控制在10%以内。添加量太高会导致兔肉品质下降。

（6）稻谷 稻谷为禾本科稻属一年生草本植物。

1）营养特点：稻谷中的养分含量、营养价值见表2-1。稻谷中粗纤维含量高（8.2%），主要集中在稻壳中，且半数以上为木质素等。有效能值低。粗蛋白质含量低（7.8%），必需氨基酸如赖氨酸、蛋氨酸、色氨酸等较少。

2）利用注意事项：家兔饲料中用稻谷替代部分玉米是可行的。

2. 糠麸类饲料

谷实经加工后形成的一些副产品，即为糠麸类，包括小麦麸、高粱糠、大麦麸、米糠、谷糠等。糠麸主要由种皮、外胚乳、糊粉层、胚芽、颖稃纤维残渣等组成。糠麸成分不仅受原粮种类影响，还受原粮加工方法和精度的影响。与原粮相比，糠麸中粗蛋白质、粗纤维、B族维生素、矿物质等含量较高，但无氮浸出物含量低，故属于一类效能较低的饲料。

（1）小麦麸和次粉　小麦麸和次粉是小麦加工成面粉的副产物。小麦精制过程中可得到23%~25%小麦麸、3%~5%次粉和0.7%~1%胚芽。

1）营养特点：小麦因加工方法、精制程度、出麸率等的不同，小麦麸、次粉的营养成分差异很大（表2-2）。两者粗蛋白质含量高，分别达15%和14.3%，但品质仍差。缺乏钙，磷含量高，钙、磷比例极不平衡，利用时要注意补充钙。麸皮吸水性强，易结块发霉，使用时应注意。

表2-2　小麦麸、次粉的营养成分（质量分数，%）

成分	小麦麸	次粉	成分	小麦麸	次粉
干物质	87.0	87.9	粗纤维	9.5	2.3
粗蛋白质	15.0	14.3	无氮浸出物	—	65.4
粗脂肪	2.7	2.4	粗灰分	4.9	2.2

2）利用注意事项：小麦麸适口性好，是家兔良好的饲料。由于小麦麸物理结构疏松，含有适量的粗纤维和硫酸盐类，有轻泻作用，喂兔可防便秘。同时也是妊娠后期母兔和哺乳母兔的良好饲料。家兔饲料中可占10%~20%。次粉营养价值与玉米相当，是很好的颗粒饲料黏结剂，可占饲料的10%。

【注意】

小麦麸因其营养成分与家兔营养需要基本相近，因此设计饲料配方时可多可少，最后不足部分用麸皮来弥补。

【提示】

小麦麸结块、霉变时禁止使用。

（2）米糠和脱脂米糠　稻谷脱去壳后果实为糙米，糙米再经精加工成为精米，是人类的主食。

米糠的加工过程如下：

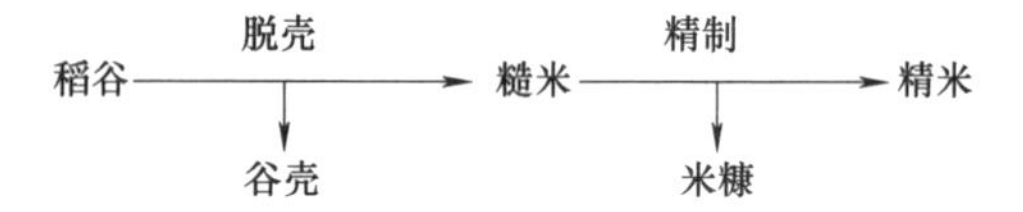

按此工艺得到谷壳和米糠两种副产物。谷壳也称砻糠，营养价值极低，可作为家兔的粗饲料。米糠由糙米皮层、胚和少量胚乳构成，占糙米比重的8%~11%。

一些小型加工厂则采用由稻谷直接出精米的工艺，得到的副产品为谷壳、碎米和米糠的混合物，称为连糟糠或统糠。一般100千克稻谷可得统糠30~35千克、精米65~70千克。统糠属于粗饲料，营养价值低。

生产上也有将谷壳和米糠按一定比例混合的糠，如二八糠、三七糠等，营养价值取决于谷壳的比例。脱脂米糠是米糠脱脂后的饼粕，用压榨法取油后的产物为米糠饼，用有机溶剂取油后的产物为米糠粕。

1）营养特点：米糠粉及其饼、粕的营养成分见表2-3。

表2-3　米糠粉及其饼、粕的营养成分

成分	米糠粉	米糠饼	米糠粕
干物质（%）	87.0	88.0	88.0
粗蛋白质（%）	12.9	14.7	16.3
粗脂肪（%）	16.5	9.1	2.0
粗纤维（%）	5.7	7.1	7.5
无氮浸出物（%）	44.4	48.7	51.5
粗灰分（%）	7.5	8.4	9.7
钙（%）	0.08	0.12	0.11

（续）

成分	米糠粉	米糠饼	米糠粕
磷（%）	1.33	1.47	1.58
铁/(毫克/千克)	329.8	422.4	711.8
锰/(毫克/千克)	193.6	217.07	272.4

与米糠相比，脱脂米糠的粗脂肪含量大大减少，特别是米糠粕中脂肪含量仅有2%左右，粗纤维、粗蛋白质、氨基酸、微量元素等均有所提高，但有效能值下降。

米糠中除胰蛋白酶抑制剂、植酸等抗营养因子外，还有一种尚未得到证实的抗营养因子。

2）利用注意事项：米糠是能值最高的糠麸类饲料。新鲜米糠的适口性较好，米糠含脂肪较高，且主要是不饱和脂肪酸，容易发生氧化酸败和水解酸败。因此，要使用新鲜米糠，禁止用陈米糠喂兔。

米糠或脱脂米糠可占家兔饲料的10%~15%。

（3）小米糠 小米糠又称细谷糠，是谷子脱壳后制小米分离出的部分。

1）营养特点：营养价值较高，其中含粗蛋白质11%、粗纤维约8%，总能为18.46兆焦/千克，含有丰富的B族维生素，尤其是维生素B_1、维生素B_2含量高，粗脂肪含量也很高，故易发霉变质，使用时要特别注意。

2）利用注意事项：小米糠可占饲料的10%~15%。选购新鲜小米糠作为饲料。

与小米糠相比，小米壳糠营养价值较低，含粗蛋白质5.2%、粗脂肪1.2%、粗纤维29.9%，粗灰分15.6%，也可用来喂兔，可占饲料的10%左右。

（4）玉米糠 玉米糠是加工玉米粉的副产品，含有种皮、一部分麸皮和极少量的淀粉屑。

1）营养特点：玉米糠含粗蛋白质7.5%~10%、粗纤维9.5%，无氮浸出物的含量在糠麸类饲料中最高，为61.3%~67.4%，粗脂肪为2.6%~6.3%，且多为不饱和脂肪酸。有机物消化率较高。

2）利用注意事项：据报道，生长兔饲料中加入5%~10%玉米糠，妊娠兔饲料中加入10%~15%玉米糠，空怀兔饲料中加入15%~20%玉米糠，效果均较好。

（5）高粱糠 高粱糠是高粱精制时产生的，含有不能食用的壳、种皮和一部分粉屑。

1）营养特点：高粱糠含总能19.42兆焦/千克、粗蛋白质9.3%、粗脂肪8.9%、粗纤维3.9%、无氮浸出物63.1%、粗灰分4.8%、钙0.3%、磷0.4%。

2）利用注意事项：因高粱糠中含单宁较多，适口性差，易致便秘，此外高粱糠极不耐贮存。高粱糠一般占家兔饲料的5%~8%。

3. 其他能量饲料

（1）甜菜渣 甜菜渣是以甜菜为原料制糖后的残渣干燥获得的产品。

1）营养特点：甜菜渣的营养成分见表2-4。

表2-4 甜菜渣的营养成分（质量分数,%）

类别	干物质	粗蛋白质	粗脂肪	粗纤维	无氮浸出物	粗灰分	钙	磷
湿甜菜渣	16.50	1.29	0.116	3.73	9.59	0.71	0.11	0.02
干甜菜渣	91.00	8.80	0.500	18.00	58.90	4.80	0.68	0.09

2）利用注意事项：甜菜渣中的粗纤维与农作物秸秆中的粗纤维不同，其消化率很高，达74%，因此使用甜菜渣时不要把其粗纤维含量计算在饲料内。甜菜渣有甜味，适口性好，家兔喜食。在国外养兔业中，甜菜渣广泛使用，一般可占饲料的16%左右，最高可达30%。

（2）饴糖渣 饴糖渣是以大米、糯米、玉米、大麦等粮食生产饴糖时的副产物。饴糖是制造糖果和糕点的主要原料。

1）营养特点：饴糖渣的营养成分随原料、加工工艺不同而有所

不同（表 2-5）。

表 2-5 饴糖渣的营养成分（质量分数,%）

类别	干物质	粗蛋白质	粗脂肪	粗纤维	无氮浸出物	粗灰分
大米饴糖渣	14.0	1.4	0.8	0.4	17.1	0.3
玉米饴糖渣	18.5	4.8	0.4	0.6	12.0	0.7

2）利用注意事项：刚生产出来的饴糖渣水分含量较大，不易保存，必须加以干燥。烘干后的饴糖渣粗蛋白质含量高，粗纤维含量较低，与饼粕类相接近，是家兔的好精料。饴糖渣味甜，适口性好，特别适合家兔，尤其是育肥兔，可占饲料的 20%以上。

（3）糖蜜 糖蜜是制糖的副产品，依据制糖原料不同，可分为甘蔗糖蜜、甜菜糖蜜。糖蜜除可供制酒精、味精及培养酵母外，还可做饲料及颗粒饲料黏合剂。

1）营养特点：糖蜜中含有少量蛋白质。主要成分为糖类，占 46%~48%，所含糖几乎全部属于蔗糖；矿物质含量高，主要为钠、氯、钾、镁等，尤以钾含量最高，占 3.6%~4.8%，还有少量钙、磷；含有较多的 B 族维生素。另外，糖蜜中还含有 3%~4%可溶性胶体。

2）利用注意事项：糖蜜既可提供给家兔能量，同时，因其具有一定的黏度，也可作为家兔颗粒饲料黏结剂，改善颗粒饲料的质量。家兔喜食甜食，家兔饲料中添加糖蜜又可提高饲料适口性。糖蜜和高粱配合使用可中和高粱中所含的单宁酸，提高高粱使用量。糖蜜具有轻泻作用，饲喂量大时粪便变稀。

据报道，家兔饲料中添加 4%糖蜜，增重提高 28.9%（$P<0.05$），采食量提高 4%，料重比下降 21.33%（$P<0.05$）。国外资料显示，家兔饲料中糖蜜比例一般为 2%~5%。

【注意】

糖蜜黏度大，加入饲料中不宜混匀，需要特殊的设备如油添系统（添加油脂的高压泵）。

（4）苹果渣 苹果渣是苹果榨汁后的副产品，主要由果皮、果核和残余的果肉组成，约占鲜果重的25%。我国年产苹果约2000万吨，加工苹果每年排出的苹果渣达100多万吨。

1）营养特点：苹果渣的营养成分见表2-6。

表2-6 苹果渣的营养成分

样品	水分（%）	以干物质为基础（%）						备注	资料来源
		粗蛋白质	粗纤维	粗脂肪	粗灰分	钙	磷		
1	77.40	6.20	16.90	6.80	2.30	0.06	0.06	湿态	杨福有（2000）
2	10.20	4.78	14.72	4.11	4.52			晾干	李志西（2002）

2）利用注意事项：苹果渣在家兔饲料中所占比例以11.3%为最好。Cippert等（1986）用苹果渣代替家兔饲料中10%、20%的苜蓿草粉，发现饲料中使用苹果渣大大降低了胃肠道疾病的发病率和死亡率，用10%的苹果渣代替家兔饲料中苜蓿粉是适宜的。

（5）玉米胚芽饼（粕） 玉米胚芽饼（粕）是以玉米胚芽为原料，经过压榨或浸提取油后的副产品。在生产玉米淀粉之前将玉米浸泡、破碎、分离胚芽，然后取油，取油后即得玉米胚芽饼（粕）。加工过程分干法和湿法两种，大部分产品属于能量饲料。

1）营养特点：玉米胚芽饼（粕）色泽呈微浅黄色至褐色。玉米胚芽饼和玉米胚芽粕营养成分见表2-7。玉米胚芽饼（粕）含粗蛋白质18%~20%，氨基酸组成较佳，尤其是赖氨酸和色氨酸相对含量较高。其虽属于饼粕类，但按照国际饲料分类原则属于中档能量饲料，且适口性好，价格低廉，在动物的饲料中应用广泛。

表2-7 玉米胚芽饼和玉米胚芽粕营养成分（质量分数，%）

成分	玉米胚芽饼	玉米胚芽粕
干物质	90.0	90.0
粗蛋白质	16.7	20.8
粗脂肪	9.6	2.0

（续）

成分	玉米胚芽饼	玉米胚芽粕
粗纤维	6.3	6.5
无氮浸出物	50.8	54.8
粗灰分	6.6	5.9
中性洗涤纤维	28.5	38.2
酸性洗涤纤维	7.4	10.7
钙	0.04	0.06
磷	1.45	1.23
赖氨酸	0.7	0.75
色氨酸	0.16	0.18

2）利用注意事项：玉米胚芽饼（粕）可在家兔饲料中占5%~8%。使用时选择大型企业的产品，质量可得到保障。

（6）油脂 油脂按照来源可分为动物油脂、植物油脂、饲料级水解油脂和粉末状油脂4类。

1）营养特点：油脂的能值含量很高。添加油脂能促进脂溶性维生素的吸收；延长饲料在消化道内的停留时间，从而提高饲料养分的消化率和吸收率；供给动物必需脂肪酸，同时改善饲料适口性等。

2）利用注意事项：家兔不喜食动物饲料，建议以添加植物油为宜。用植物油替代玉米，降低玉米比例可以降低消化道疾病发生率。推荐家兔饲料中植物油的添加比例为0.5%~1.5%。若油脂添加过高，饲料不宜颗粒化。

【注意】

油脂要保存在非铜质的密闭容器中。为防止油脂酸败，可添加0.01%的抗氧化剂，如丁基羟基茴香醚（BHA）或二丁基羟基甲苯（BHT）。

二、蛋白质饲料

蛋白质饲料是指饲料干物质中粗蛋白质含量大于或等于20%、

粗纤维含量低于18%的饲料原料，如豆饼（粕）、菜籽饼（粕）、棉籽饼（粕）、鱼粉及工业合成的氨基酸等。

1. 植物性蛋白质饲料

（1）大豆及豆饼（粕） 大豆是重要的油料作物之一。

大豆分为黄豆、青豆、黑豆、其他大豆和饲用豆（秣食豆）5类，其中比例最大的是黄豆。大豆价格较高，故一般不直接用作饲料，而用其榨油后的副产品即豆饼（粕）。

大豆经压榨法或夯榨法取油后的副产品为豆饼，而经浸提法或预压浸提法取油后的副产品为豆粕。

1）营养特点：一些豆类及饼（粕）营养成分和营养价值见表2-8和表2-9。

表2-8 国产黄豆、黑豆、豆饼、豆粕营养成分（质量分数，%）

成分	二级黄豆	二级黑豆	二级豆饼	二级豆粕
干物质	87.0	87.0	87.0	87.0
粗蛋白质	35.0	35.7	40.9	43.0
粗脂肪	17.1	15.1	5.3	2.1
粗纤维	4.4	5.8	4.7	4.8
无氮浸出物	36.2	26.3	30.4	31.6
粗灰分	4.3	4.1	5.7	5.5
苏氨酸	1.45	1.26	1.41	1.88
胱氨酸	0.55	0.65	0.01	0.66
缬氨酸	1.82	1.38	1.66	1.96
蛋氨酸	0.49	0.27	0.59	0.64
赖氨酶	2.47	2.00	2.38	2.45
异亮氨酸	1.61	1.36	1.53	1.76
亮氨酸	2.69	2.42	2.69	3.20
酪氨酸	1.25	1.18	1.50	1.53
苯丙氨酸	1.85	1.56	1.75	2.18
组氨酸	0.91	0.79	1.08	1.07
色氨酸	2.73	2.43	2.47	3.12

表 2-9 一些豆类及饼（粕）营养成分和营养价值

饲料名称	干物质（%）	粗灰分（%）	粗蛋白质（%）	粗脂肪（%）	粗纤维（%）	中性洗涤纤维（%）	酸性洗涤纤维（%）	酸性洗涤木质素（%）	淀粉（%）	钙（%）	总磷（%）	消化能/（兆焦/千克）
大豆	90.0	4.7	35.9	19.3	5.6	11.7	7.3	0.8	—	0.25	0.56	17.35
大豆粕	90.0	6.8	43.2	1.8	7.7	16.1	10.0	0.8	—	0.29	0.60	13.35
菜籽粕	90.0	6.8	36.1	2.5	12.1	27.7	18.9	8.6	—	0.70	1.00	11.35
葵花仁粕	90.0	6.8	27.9	2.7	25.2	42.8	30.2	10.1	—	0.35	1.00	9.60
玉米干全酒糟	90.0	6.0	25.3	9.0	8.1	31.6	8.9	1.2	10.5	0.14	0.73	12.70
动物脂肪	99.5	—	—	99.0	—	—	—	—	—	—	—	33.45
大豆油	99.5	—	—	99.0	—	—	—	—	—	—	—	35.55

注：“—”表示数据不详、含量无或含量极少而不予考虑。

① 大豆：大豆蛋白质含量高（约35%），主要由球蛋白和清蛋白组成，品质优于各类蛋白。必需氨基酸含量高，尤其是赖氨酸含量高达2%以上，但蛋氨酸含量低。

② 豆饼（粕）：与大豆相比，豆饼、豆粕中除脂肪含量大大减少外，其他营养成分并无实质性差异，蛋白质和氨基酸含量比例均相应增加，而有效能值下降，但能量较高。豆饼和豆粕相比，后者的蛋白质和氨基酸略高些，有效能值略低些。生大豆或豆饼中存在多种抗营养因子。

2）利用注意事项：豆饼（粕）可占到饲料的10%~20%。目前发酵豆粕使用量呈上升的趋势。

【注意】

生豆、生豆饼（粕）中含有抗营养因子，主要为胰蛋白酶抑制因子、大豆凝集素、胃肠胀气因子、植酸等，对家兔健康和生产性能有不利影响，故不能直接用来喂兔，可用热处理过的大豆及豆饼（粕）喂兔。

（2）花生仁饼（粕） 花生仁饼（粕）是指脱壳后的花生仁脱油后的副产品。

1）营养特点：花生仁饼和花生仁粕营养成分见表2-10。

表2-10 花生仁饼和花生仁粕营养成分（干物质中）（质量分数，%）

种类	粗蛋白质	粗纤维	粗脂肪	粗灰分
花生仁饼	50.8	6.6	8.1	5.7
花生仁粕	54.3	7.0	1.5	6.1

2）利用注意事项：花生仁饼（粕）适口性极好，有香味，家兔特别喜欢采食，可占到家兔饲料的5%~15%。考虑到霉菌毒素的危害，建议控制在幼兔饲料中的添加比例，同时应与其他蛋白质饲料配合使用。

【注意】

花生仁饼（粕）极易感染黄曲霉菌，产生黄曲霉毒素，可引起家兔中毒和人患肝癌。为避免黄曲霉毒素的产生，花生仁饼（粕）的水分含量不得超过12%，并应控制黄曲霉毒素的含量。

（3）葵花籽饼（粕）　葵花籽即向日葵籽，一般含壳30%～32%，含油20%～32%，脱壳葵花籽含油可达40%～50%。

1）营养特点：从表2-11中可以看出，未脱壳的葵花籽饼和葵花籽粕的蛋白质含量均较高，但粗纤维也均较高，而脱壳后的葵花籽饼和葵花籽粕的粗蛋白质高达41%以上，与豆饼（粕）相当。葵花籽饼（粕）缺乏赖氨酸、苏氨酸。

表2-11　葵花籽饼和葵花籽粕营养成分（质量分数，%）

成分	未脱壳葵花籽		脱壳葵花籽	
	饼	粕	饼	粕
水分	10.0	10.0	10.0	10.0
粗蛋白质	28.0	32.0	41.0	46.0
粗纤维	24.0	22.0	13.0	11.0
粗脂肪	6.0	2.0	2.0	3.0
粗灰分	6.0	6.0	7.0	7.0
钙	—	0.56	—	—
磷	—	0.90	—	—

2）利用注意事项：国内目前的榨油工艺一般都残留一定量的壳，因此在选购时应注意每批葵花籽饼（粕）中的壳仁比，测定其蛋白质含量，以便确定其价格及在家兔饲料中所占比例。

葵花籽饼（粕）在家兔饲料中可占20%以内。

（4）芝麻饼　芝麻饼是芝麻榨油后的副产品。

1）营养特点：芝麻饼营养成分见表2-12。其粗蛋白质含量达40%以上，与豆饼相近。蛋氨酸含量较高，可达0.8%以上，是所有植物性饲料中蛋氨酸含量最高的。色氨酸、精氨酸含量高，赖氨酸含量低。

2）利用注意事项：芝麻饼在家兔饲料中可占5%~12%。注意补充赖氨酸。

表2-12 芝麻饼营养成分（质量分数,%）

成分	平均值	范围	成分	平均值	范围
水 分	7.0	6.1~11.0	粗灰分	11.0	10.5~12.0
粗蛋白质	40.0	12.0~16.0	钙	2.0	1.90~2.25
粗纤维	6.0	4.0~6.5	磷	1.3	1.25~1.75

（5）棉籽饼（粕） 棉籽饼（粕）是棉籽脱壳取油后的副产品。我国棉籽饼（粕）的总产量仅次于豆饼（粕），是廉价的蛋白质来源。

1）营养特点：棉籽饼和棉籽粕营养成分（国产）见表2-13。

表2-13 国产棉籽饼和棉籽粕营养成分（质量分数，%）

成分	棉籽饼	棉籽粕	成 分	棉籽饼	棉籽粕
干物质	88.0	88.0	粗脂肪	6.1	0.8
粗蛋白质	34.0	38.9	无氮浸出物	22.6	27.0
粗纤维	15.3	13.0	粗灰分	5.3	6.1

棉籽饼（粕）的粗纤维含量达13%以上，因而有效能值低于大豆饼（粕）。精氨酸含量高达3.67%~4.14%，是饼粕饲料中精氨酸含量较高的饲料。

2）利用注意事项：棉籽饼（粕）中抗营养因子有游离棉酚、环丙烯脂肪酸、单宁和植酸等，最主要的是游离棉酚。为了降低饲养成本，可用脱毒棉籽饼（粕）或用低酚品种棉籽饼（粕）替代部分豆饼。建议商品兔饲料中用量为10%以下，种兔（包括母兔、公兔）用量不超过5%，且不宜长期饲喂。同时，饲料中要适当添加

赖氨酸、蛋氨酸。

（6）亚麻籽饼 亚麻籽饼是亚麻籽取油后的副产品。亚麻是我国高寒地区主要油料作物之一，按其用途分为纤用型、油用型和兼用型3种。我国种植的亚麻多为油用型，主要分布在西北地区。纤用型亚麻主要分布在黑龙江、吉林等省。

1）营养特点：国产亚麻籽饼营养成分见表2-14。

表2-14 国产亚麻籽饼营养成分（质量分数，%）

成分	含量	成分	含量
干物质	88.0	无氮浸出物	33.4
粗蛋白质	32.2	粗灰分	6.3
粗脂肪	7.6	钙	0.12
粗纤维	8.4	磷	0.88

亚麻籽饼含粗蛋白质为32%左右，但品质较差，赖氨酸含量较低，粗脂肪含量较高，粗纤维含量低于菜籽饼，因而有效能值较高。

2）利用注意事项：家兔饲料中亚麻籽饼比例不宜超过10%。

【注意】

亚麻籽尤其是未成熟的种子含有亚麻糖苷，称为生氰糖苷，本身无毒，但在适宜的条件下，如在温度40~50℃、pH 2~8时，易被亚麻种子本身所含的亚麻酶分解，产生氢氰酸。氢氰酸具有毒性，若喂量过多，可引起家兔肠黏膜脱落，腹泻，很快死亡。此外，亚麻籽饼中还含有抗维生素B_6的因子。

（7）胡麻饼 胡麻饼是胡麻籽取油后的副产品。胡麻籽是以亚麻籽为主，混杂有芸芥籽及菜籽等混合油料籽实的总称，混杂比例因地区条件不同而异，一般为10%，高者达50%。

1）营养特点：胡麻饼营养成分因亚麻籽和芸芥籽等的比例不同而不同，典型胡麻饼营养成分见表2-15。胡麻饼中除含有亚麻饼的抗营养因子氢氰酸外，还含有来自芸芥籽等的抗营养因子。

表 2-15　典型胡麻饼营养成分（质量分数，%）

成分	胡麻饼		成分	胡麻饼	
	原料	风干		原料	风干
干物质	94.2	88.0	无氮浸出物	39.0	36.3
粗蛋白质	33.10	30.85	粗灰分	7.3	6.9
粗脂肪	7.2	6.6	钙	0.44	0.41
粗纤维	8.2	7.5	磷	0.87	0.81

2）利用注意事项：据测定，胡麻饼的氢氰酸含量低于国标，应比较安全，家兔的饲料中添加比例应小于6%。

（8）芸芥籽饼　芸芥籽饼是芸芥籽取油后的副产品。

1）营养特点：芸芥籽饼营养成分见表2-16。

表 2-16　芸芥籽饼营养成分（质量分数，%）

成分	含量	成分	含量
粗蛋白质	45.2	无氮浸出物	32.6
粗纤维	12.8	粗灰分	8.4

2）利用注意事项：芸芥籽饼的蛋白质含量高，达45%左右，粗纤维含量高，与菜籽饼一样，存在硫葡萄糖糖甙等抗营养因子，因此家兔应限量饲喂芸芥籽饼。

（9）玉米蛋白粉　玉米蛋白粉又称玉米面筋，是生产玉米淀粉和玉米油的同步产品，为玉米除去淀粉、胚芽及外皮后剩下的产品，但一般包括部分浸渍物或玉米胚芽粕。

1）营养特点：正常玉米蛋白粉的色泽为金黄色，蛋白质含量越高，色泽越鲜艳，按加工精度不同，分为蛋白质含量41%以上和60%以上两种规格（营养成分见表2-17）。

表 2-17　玉米蛋白粉营养成分

成分	玉米蛋白粉>60%		玉米蛋白粉>41%	
	期待值	范围	期待值	范围
水分（%）	10.0	9.0~12.0	10.0	9.0~12.0
粗蛋白质（%）	65.0	60.0~70.0	42.0	41.0~45.0

（续）

成分	玉米蛋白粉>60%		玉米蛋白粉>41%	
	期待值	范围	期待值	范围
粗脂肪（%）	3.5	1.0~5.0	2.0	1.0~3.5
粗纤维（%）	1.0	0.5~2.5	4.5	3.0~6.0
粗灰分（%）	2.1	0.5~3.7	3.5	2.0~4.0
钙（%）	—	—	0.1	0.1~0.3
磷（%）	—	—	0.4	0.25~0.70
叶黄素/(毫克/千克)	250	150~350	150	100~200

玉米蛋白粉的蛋氨酸含量很高，但赖氨酸和色氨酸含量严重不足，精氨酸含量高。由黄玉米制成的玉米蛋白粉含有很高的类胡萝卜素，水溶性维生素、矿物质含量少。

2）利用注意事项：玉米蛋白粉属于高蛋白质、高能量饲料，适用于家兔，可节约蛋氨酸。可占家兔饲料的5%~10%。

（10）干全酒糟（DDGS） 干全酒糟为脱水酒精糟，是用谷物生产酒精的过程中，通过微生物发酵后，经蒸馏、蒸发、干燥后而形成的。

1）营养特点：不同原料生产的干全酒糟营养成分不同，见表2-18。

表2-18 不同原料生产的干全酒糟营养成分比较（质量分数，%）

营养成分	玉米干全酒糟	小麦干全酒糟	高粱干全酒糟	大麦干全酒糟
干物质	90.20	92.48	90.31	87.50
粗蛋白质	29.70	38.48	30.30	28.70
中性洗涤纤维	38.80	—	—	56.30
酸性洗涤纤维	19.70	17.10	—	29.20
粗灰分	5.20	5.45	5.30	—
粗脂肪	10.00	8.27	15.50	—
钙	0.22	0.15	0.10	0.20
磷	0.83	1.04	0.84	0.80

2）利用注意事项：据报道，奶牛精料中添加10%干全酒糟，产

奶量增加；猪饲料中添加20%，对猪生产性能无影响，家兔饲料中的添加量可以参考以上资料进行适当添加。

【注意】

干全酒糟营养成分不稳定；因贮存不当造成干全酒糟中霉菌毒素不同程度增大，利用时要多加关注。

（11）绿豆蛋白粉 绿豆蛋白粉是从绿豆浆中提炼加工出来的一种饲料。

1）营养特点：绿豆蛋白粉营养成分见表2-19。

表2-19 绿豆蛋白粉营养成分（质量分数，%）

水分	粗蛋白质	粗脂肪	粗纤维	粗灰分
11.3	64.54	0.9	3.3	3.7

2）利用注意事项：配合家兔饲料时，要添加蛋氨酸。使用时，严禁使用色黑味臭、发霉的绿豆蛋白粉。家兔配合饲料中比例一般为5%～10%。

（12）豆腐渣 豆腐渣是制造豆腐的副产品。豆腐渣内容物包括大豆的皮糠层及其他不溶性部分。

1）营养特点：新鲜豆腐渣的含水量较多，可达78%～90%。营养成分见表2-20。

表2-20 豆腐渣营养成分（质量分数，%）

成分	豆腐渣（湿）	豆腐渣（干）	成分	豆腐渣（湿）	豆腐渣（干）
干物质	16.1	82.1	粗灰分	0.7	3.6
粗蛋白质	4.7	28.3	钙	—	0.41
粗脂肪	2.1	12.0	磷	—	0.34
粗纤维	2.6	13.9	赖氨酸	0.18	1.54
无氮浸出物	6.0	34.1	蛋氨酸+胱氨酸	0.07	0.59

2）利用注意事项：在利用豆腐渣喂兔时要注意两点：一是因豆腐渣中也含有抗胰蛋白酶等有害因子，故需加热煮熟利用；二是在目前主要饲喂新鲜豆腐渣的情况下，注意豆腐渣的品质，尤其在夏天特别容易腐败，所以生产出来以后必须尽快饲喂，数量较大时也可晒干饲喂，干豆腐渣可占家兔饲料的10%~20%。

2. 动物性蛋白质饲料

动物性蛋白质饲料是指渔业、肉食或乳品加工的副产品。该类饲料蛋白质含量极高（55.6%~84.7%），品质好，赖氨酸的比例超过家兔的营养需要量。粗纤维极少，消化率高。钙、磷含量高且比例适宜。B族维生素尤其是维生素 B_2、维生素 B_{12} 含量相当高。

（1）鱼粉 鱼粉是以全鱼为原料，经过蒸煮、压榨、干燥、粉碎加工之后的粉状物。这种加工工艺所得鱼粉为普通鱼粉。如果把制造鱼粉时产生的煮汁浓缩加工，做成鱼汁，添加到普通鱼粉里，经干燥粉碎，所得鱼粉叫全鱼粉。

1）营养特点：鱼粉的营养价值因鱼种、加工方法和贮存条件不同而有较大差异。鱼粉的蛋白质含量40%~70%不等。鱼粉蛋白质品质好，氨基酸含量高，比例平衡。鱼粉的粗灰分含量高。鱼粉含盐量高，一般为3%~5%。此外还含有未知因子。

2）利用注意事项：鱼粉腥味大，适口性差，故家兔饲料中一般以1%~2%为宜，且加入鱼粉时要充分混匀。

【注意】

市场上鱼粉掺假现象比较严重，掺假的原料有血粉、羽毛粉、皮革粉、尿素、硫酸铵、菜籽饼、棉籽饼、钙粉等。鱼粉真伪可通过感官、显微镜检及分析化验等方法来辨别。

（2）肉骨粉、肉粉 肉骨粉、肉粉是以动物屠宰场副产品中除去可食部分之后的残骨、皮、脂肪、内脏、碎肉等为主要原料，经过熬油后再干燥粉碎而得的混合物。含磷在4.4%以上的为肉骨粉，含磷在4.4%以下的为肉粉。

1）营养特点：肉骨粉、肉粉营养成分见表2-21。

表2-21 肉骨粉、肉粉营养成分（质量分数，%）

成分	50%肉骨粉	50%肉骨粉（溶剂提油）	45%肉骨粉	50%~55%肉骨粉
水分	6.0（5.0~10.0）	7.0（5.0~10.0）	6.0（5.0~10.0）	5.4（4.0~8.0）
粗蛋白质	50.0（48.5~52.5）	50.0（48.5~52.5）	46.0（44.0~48.0）	54.0（50.0~57.0）
粗脂肪	8.0（7.5~10.5）	2.0（1.0~4.0）	10.0（7.0~13.0）	8.8（6.0~11.0）
粗纤维	2.5（1.5~3.0）	2.5（1.75~3.5）	2.5（1.5~3.0）	—
粗灰分	28.5（27.0~33.0）	30.0（29.0~32.0）	35.0（31.0~38.0）	27.5（25.0~30.0）
钙	9.5（9.0~13.0）	10.5（10.0~14.0）	10.7（9.5~12.0）	8.0（6.0~10.0）
磷	5.0（4.6~6.5）	5.5（5.0~7.0）	5.4（4.5~6.0）	3.8（3.0~4.5）

2）利用注意事项：食用品质差的肉骨粉、肉粉，有中毒和感染细菌（最易感染沙门菌）的危险。家兔饲料中的用量以1%~2%为宜。

（3）血粉 血粉是畜禽鲜血经脱水加工而成的一种产品，是屠宰场主要副产品之一。血粉干燥方法一般有喷雾干燥、蒸煮干燥和瞬间干燥3种。

1）营养特点：血粉中蛋白质、赖氨酸含量高，含粗蛋白质高达80%~90%、赖氨酸7%~8%，色氨酸、组氨酸含量也高。但血粉蛋白质品质较差，血纤维蛋白不易消化。

2）利用注意事项：血粉因蛋白质和赖氨酸含量高，氨基酸不平衡，必须与植物性饲料混合使用。血粉味苦，适口性差，用量不宜过高，一般以2%~5%为宜。

（4）羽毛粉 羽毛粉是家禽屠宰煺毛处理所得的羽毛经清洗、高压水解处理，之后粉碎所得的产品。由于羽毛蛋白为角蛋白，家兔不能消化，加压加热处理可使其分解，提高羽毛蛋白的营养价值，使羽毛粉成为一种有用的蛋白质资源。

1）营养特点：羽毛粉含蛋白质84%以上、粗脂肪2.5%、粗纤维1.5%、粗灰分2.8%、钙0.4%、磷0.7%。蛋白质中胱氨酸含量

高达 3%～4%，含硫氨基酸利用率为 41%～82%，异亮氨酸也高达5.3%。

2）利用注意事项：饲料中添加羽毛粉有利于提高兔毛产量及被毛质量，幼兔饲料中添加量为2%～4%，成年兔饲料中羽毛粉占3%～5%可获得良好的生产效果。

（5）蚕蛹粉及蚕蛹饼 蚕蛹是蚕茧制丝后的残留物，蚕蛹经干燥粉碎后得蚕蛹粉，蚕蛹饼是蚕蛹脱脂后的剩余物。

1）营养特点：蚕蛹粉蛋白质含量高达 55.5%～58.3%，其中40%为几丁质氮，其余为优质蛋白质。蚕蛹粉含赖氨酸约 3%、蛋氨酸 1.5%、色氨酸高达 1.2%，比进口鱼粉高出 1 倍，因此，蚕蛹粉是优质的蛋白质氨基酸来源。脂肪含量高、能值高，脂肪含量高达20%～30%。

2）利用注意事项：因脂肪中不饱和脂肪酸高，贮存不当易变质。蚕蛹饼因脱去脂肪，蛋白质含量更高，且易贮藏，但能值低；另含有丰富的磷，是钙的3.5倍；B族维生素丰富。家兔饲料中添加比例一般为1%～3%。

（6）血浆蛋白粉 血浆蛋白粉是血液分离出红细胞后经喷雾干燥而制成的粉状产品。

1）营养特点：其营养成分见表2-22。粗蛋白质含量高达70%。

表 2-22 血浆蛋白粉营养成分（质量分数,%）

成分	含量	成分	含量
干物质	92.5	异亮氨酸	1.96
粗蛋白质	70.0	亮氨酸	5.56
粗灰分	13.0	赖氨酸	6.10
钙	0.14	苯丙氨酸	3.70
磷	0.13	蛋氨酸	0.53
精氨酸	4.79	苏氨酸	4.13
胱氨酸	2.24	酪氨酸	1.33
组氨酸	2.50	缬氨酸	4.12

2）利用注意事项：国外大量研究表明，血浆蛋白粉是早期断奶兔饲料中的优质蛋白来源，可作为脱脂奶粉和干乳清的替代品，适口性比脱脂奶粉高。早期断奶（25 天）饲料中可添加 4%的血浆蛋白粉，能有效降低幼兔因肠炎造成的死亡率，同时对消化道发育有良好的作用。

3. 微生物蛋白质饲料

微生物蛋白质饲料又称单细胞蛋白质饲料，常用的主要是饲料酵母。饲料酵母是利用工业废水、废渣等为原料，接种酵母菌，经发酵干燥而成的蛋白质饲料。

1）营养特点：饲料酵母其营养成分因原料、菌种不同而不同（见表 2-23）。

表 2-23　饲料酵母营养成分含量（质量分数,%）

成分	啤酒酵母	半菌属酵母	石油酵母	纸浆废液酵母
水分	9.3	8.3	4.5	6.0
粗蛋白质	51.4	47.1	60.0	45.0
粗脂肪	0.6	1.1	9.0	2.3
粗纤维	2.0	2.0	—	4.6
粗灰分	8.4	6.9	6.0	5.7

2）利用注意事项：家兔饲料中添加饲料酵母，可以促进盲肠微生物生长，防治家兔胃肠道疾病，增进健康，改善饲料利用率，提高生产性能。饲料酵母在家兔饲料中用量不宜过高，否则影响饲料适口性，增加成本，降低生产性能。家兔饲料中一般以添加 2%～5%为宜。

三、粗饲料

粗饲料是指天然水分含量在 60%以下，干物质中粗纤维含量不低于 18%的饲料原料。此种饲料以风干物为饲喂形式。主要包括干草类、农副产品（秸、壳、荚、秧、藤）、树叶、糟渣类等。

该类饲料的特点是：粗纤维含量高，可消化营养成分含量低；质地较硬，适口性差。家兔为单胃草食动物，粗饲料是家兔配合饲料中必不可少的原料。

1. 青干草

青干草是天然牧草或人工栽培牧草在质量最好和产量最高的时期刈割，经干燥制成的饲草。主要有豆科、禾本科和其他科青干草。

（1）豆科青干草（图 2-1） 其营养特点是粗蛋白质含量高，粗纤维含量较低，富含钙、维生素（表 2-24），饲用价值高，可替代家兔配合饲料中豆饼等蛋白质饲料，降低成本。目前，豆科青干草以人工栽培为主，在我国各地以苜蓿、红豆草等为主。

图 2-1 豆科青干草

表 2-24 主要豆科青干草营养成分

种类	样品说明	干物质（%）	粗蛋白质（%）	粗脂肪（%）	粗纤维（%）	无氮浸出物（%）	总能/（兆焦/千克）	粗灰分（%）	钙（%）	磷（%）
苜蓿	盛花期	89.10	11.49	1.40	36.86	34.51	17.78	4.84	1.56	0.15
苜蓿	现蕾期	91.00	20.32	1.54	25.00	35.00	16.62	9.14	1.71	0.17
红豆草	结荚期	90.19	11.78	2.17	26.25	42.20	16.19	7.79	1.71	0.22
红三叶	结荚期	91.31	9.49	2.31	28.26	42.41	15.98	8.84	1.21	0.28
草木樨	盛花期	92.14	18.49	1.69	29.67	34.21	16.73	8.08	1.30	0.19
箭舌豌豆	盛花期	94.09	18.99	2.46	12.09	49.01	16.58	11.55	0.06	0.27

（续）

种类	样品说明	干物质（%）	粗蛋白质（%）	粗脂肪（%）	粗纤维（%）	无氮浸出物（%）	总能/（兆焦/千克）	粗灰分（%）	钙（%）	磷（%）
紫云英	盛花期	92.38	10.84	1.20	34.00	35.25	15.81	11.09	0.71	0.20
百麦根	营养期	92.28	10.03	3.21	18.87	34.15	16.48	6.02	1.50	0.19
豇豆秧		90.50	16.00	2.02	4.30	37.00	—	10.60	—	—
蚕豆秧		91.50	13.40	0.82	2.00	49.80	—	5.50	—	—
大豆秧		88.90	13.10	2.03	3.20	33.60	—	7.10	—	—
豌豆秧		88.00	12.00	2.22	6.50	40.50	—	6.70	—	—
花生秧		91.20	10.60	5.12	3.70	41.10	—	9.70	—	—

（2）禾本科青干草　禾本科青干草来源广，数量大，适口性较好，易干燥，不落叶。与豆科青干草相比，禾本科青干草粗蛋白质含量低、钙含量少、胡萝卜素等维生素含量高（表2-25）。

表2-25　几种禾本科青干草营养成分

种类	样品说明	干物质（%）	粗蛋白质（%）	粗脂肪（%）	粗纤维（%）	无氮浸出物（%）	总能/（兆焦/千克）	粗灰分（%）	钙（%）	磷（%）
芦苇	营养期	90.00	11.52	2.47	33.44	44.84	—	7.73	—	—
草地羊茅	营养期	90.12	11.70	4.37	18.73	37.29	14.29	18.03	1.00	0.29
鸭茅	收籽后	93.32	9.29	3.79	26.68	42.97	16.45	10.59	0.51	0.24
草地早熟		88.90	9.10	3.00	26.70	44.20	—	—	0.40	0.27

禾本科草在孕穗至抽穗期收割为宜。此时，叶片多，粗纤维少，质地柔软；粗蛋白质含量高，胡萝卜素的含量也高；产量也较高。禾本科青干草在家兔配合饲料中可占到30%~45%。

（3）其他科青干草　如菊科的串叶松香草、苋科的苋菜、聚合草、棒草（即拉拉秧）等，产量高，适时采集、割晒，是优良的兔用青干草，可占家兔饲料的35%。

2. 稿秕饲料

稿秕饲料即农作物秸秆秕壳，来源广、数量多，是我国家兔主要的粗饲料资源之一。

（1）玉米秸 玉米秸营养成分因品种、生长期、秸秆部位、晒制方法等不同，有较大差异（表 2-26）。

表 2-26 玉米秸营养成分表（质量分数,%）

样品名称	样本说明	水分	粗蛋白质	粗脂肪	粗纤维	粗灰分	钙	磷	中性洗涤纤维	酸性洗涤纤维	高锰酸钾洗木质素
玉米秸	山西省太原市	9.03	4.2	0.95	35.8	6.75	0.79	0.07	78.41	47.48	4.09

利用注意事项：①由于玉米秸有坚硬的外皮，其水分不易蒸发，贮藏备用玉米秸必须叶茎都晒干，否则易发霉变质。②玉米秸容重小、膨松，为了保证制粉质量，可适当增加水分，以 10%为宜。同时添加黏结剂，如加入 0.7%~1%膨润土。制出的粒料要晾干，水分降至 8%~11%。

玉米秸可占到家兔饲料的 20%~40%。

（2）稻草 稻草是水稻收获后剩下的茎叶。

据测定，稻草含粗蛋白质 5.4%、粗脂肪 1.7%、粗纤维 32.7%、粗灰分 11.1%、钙 0.28%、磷 0.08%。可占家兔饲料的 10%~30%。稻草含量高的饲料中，应特别注意钙的补充。

（3）麦秸 麦秸是粗饲料中质量较差的种类，因品种、生长期不同，营养成分也各异（表 2-27）。

表 2-27 几种麦秸的营养成分（质量分数,%）

种类	干物质	粗蛋白质	粗脂肪	粗纤维	无氮浸出物	粗灰分	钙	磷
小麦秸	89.00	3.0	—	42.50	—	—	—	—
大麦秸	90.34	8.5	2.53	30.13	40.41	—	8.76	—
荞麦秸	85.30	1.4	1.60	33.40	41.00	7.9	—	—

麦秸在家兔饲料中的比例以5%左右为宜，一般不超过10%。

（4）豆秸 有大豆秸、绿豆秸、豌豆秸等。由于收割、晒制过程中叶片大部分凋落，维生素已被破坏，蛋白质含量减少，茎秆多呈木质化，质地坚硬，营养价值较低，但与禾本科秸秆相比，蛋白质含量较高（表2-28）。

表2-28 几种豆秸的营养成分（产地：山西省太原市）（质量分数，%）

种类	干物质	粗蛋白质	粗脂肪	粗纤维	无氮浸出物	粗灰分	中性洗涤纤维	酸性洗涤纤维	高锰酸钾洗木质素	钙	磷
大豆秸	88.97	4.24	0.89	46.81	32.12	4.91	76.93	57.31	6.51	0.74	0.12
豌豆秸	89.12	11.48	3.74	31.52	32.33	10.04	—	—	—	—	—
蚕豆秸	91.71	8.32	1.65	40.71	33.11	7.92	—	—	—	—	—
绿豆秸	86.50	5.90	1.10	39.10	34.60	5.80	—	—	—	—	—

在豆类产区，豆秸产量大、价格低，深受养兔户欢迎，但大豆秸遭雨淋极易发霉变质，要特别注意。

根据笔者养兔实践，家兔饲料中豆秸可占35%左右，且生产性能不受影响。

（5）谷草（图2-2） 谷草是谷子（粟）成熟收割下来脱粒之后的干秆，是禾本科秸秆中较好的粗饲料。谷草的营养成分见表2-29。谷草易贮藏，卫生，营养价值较高，制出的颗粒质量好，是家兔优质的粗饲料。

表2-29 谷草的营养成分（质量分数，%）

样品名称	样本说明	水分	粗蛋白质	粗脂肪	粗纤维	粗灰分	无氮浸出物	钙	磷	中性洗涤纤维	酸性洗涤纤维	高锰酸钾洗木质素
谷草	山西省寿阳县	9.98	3.96	1.3	36.79	8.55	39.42	0.74	0.06	79.18	48.85	5.30

根据笔者养兔实践，家兔饲料中谷草可占到35%左右，加入黏合剂（2%次粉或糖蜜等）可以提高颗粒质量，同时应注意补充钙。

(6) 花生秧　花生秧是目前我国许多地方家兔主要的粗纤维饲料之一，其营养价值接近豆科干草。据测定，干物质为90%以上，其中含粗蛋白质4.6%~5%、粗脂肪1.2%~1.3%、粗纤维31.8%~34.4%、无氮浸出物48.1%~52%、粗灰分6.7%~7.3%、钙0.89%~0.96%、磷0.09%~0.1%，还含有铁、铜、锰、锌、硒、钴等微量元素，是家兔优良粗饲料。花生秧应在霜降前收获，注意晾晒，防止发霉；剔除其中的塑料薄膜。晒制良好的花生秧应是色绿、叶全、营养损失较少的。家兔饲料中比例可占到35%。

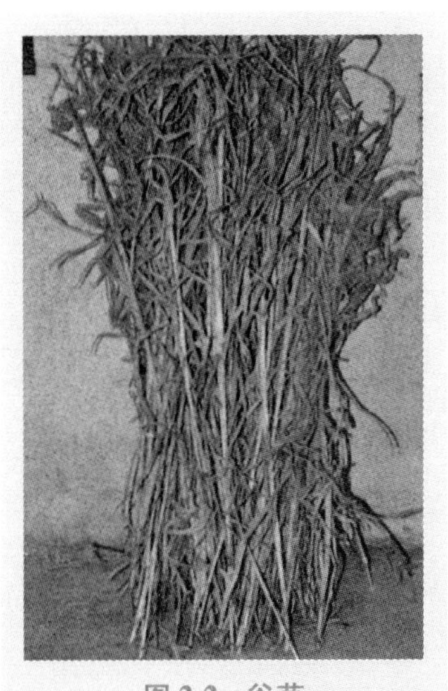
图2-2　谷草

【注意】

选购无霉变、杂质含量低、无塑料薄膜的花生秧作为家兔饲料。

(7) 甘薯藤　甘薯又称为红薯、地瓜等。甘薯藤可作为家兔青饲料和粗饲料。甘薯藤水分含量高，晒制过程中要勤翻，防止腐烂变质。晒制良好的甘薯藤营养丰富，其营养成分为：干物质占90%以上，其中粗蛋白质6.1%~6.7%、粗脂肪4.1%~4.5%、粗纤维24.7%~27.2%、无氮浸出物48%~52.9%、粗灰分7.9%~8.7%、钙1.59%~1.75%、磷0.16%~0.18%。

家兔饲料中可加至35%~40%。

3. 秕壳类

秕壳类主要是指各种植物的籽实壳，其中含不成熟的籽实。其营养价值高于同种作物的秸秆（花生壳除外）。其营养成分见表2-30。

表 2-30 秕壳类饲料的营养成分（质量分数,%）

种类	干物质	粗蛋白质	粗脂肪	粗纤维	无氮浸出物	粗灰分	钙	磷
大豆荚	83.2	4.9	1.2	28.0	41.2	7.8	—	—
豌豆荚	88.4	9.5	1.0	31.5	41.7	4.7	—	—
绿豆荚	87.1	5.4	0.7	36.5	38.9	6.6	—	—
豇豆荚	87.1	5.5	0.6	30.8	44.0	6.2	—	—
蚕豆荚	81.1	6.6	0.4	34.8	34.0	6.0	0.61	0.09
稻壳	92.4	2.8	0.8	41.1	29.2	18.4	0.08	0.07
谷壳	88.4	3.9	1.2	45.8	27.9	9.5	—	—
小麦壳	92.6	5.1	1.5	29.8	39.4	16.7	0.20	0.14
大麦壳	93.2	7.4	2.1	22.1	55.4	6.3	—	—
荞麦壳	87.8	3.0	0.8	42.6	39.9	1.4	0.26	0.02
高粱壳	88.3	3.8	0.5	31.4	37.6	15.0	—	—

豆类荚壳有大豆荚、豌豆荚、绿豆荚、豇豆荚、蚕豆荚等，在秕壳饲料中营养价值较高，可占家兔饲料的10%~15%。

谷类皮壳有稻壳、谷壳、小麦壳、大麦壳、荞麦壳、高粱壳等，其营养价值较豆荚低。各种谷类秕壳在家兔饲料中不宜超过8%。

花生壳是我国北方家兔主要的粗饲料资源之一，其营养成分见表2-31。花生壳粗纤维虽然高达近60%，但生产中以花生壳作为家兔的主要粗饲料占饲料的30%~40%，对于青年兔、空怀兔无不良影响，且兔群很少发生腹泻。

特别注意：①花生壳与花生饼（粕）一样极易染霉菌，采购、使用时应仔细检查，及时剔除霉变的部分。②加工时应剔除其中的塑料薄膜。③土等杂质含量不宜过高。

表 2-31 花生壳营养成分（质量分数,%）

样品名称	样本说明	水分	粗蛋白质	粗脂肪	粗纤维	粗灰分	无氮浸出物	钙	磷	中性洗涤纤维	酸性洗涤纤维	高锰酸钾洗木质素
花生壳	山西省太原市	9.47	6.07	0.65	61.82	7.94	14.05	0.97	0.07	86.07	73.79	8.42

此外，葵花籽壳含粗蛋白质 3.5%、粗脂肪 3.4%、粗纤维 22.1%、无氮浸出物 58.4%，在秕壳类饲料中营养价值较高，在家兔饲料中可加到 10%~30%。

4. 其他

（1）醋糟（图 2-3）

1）营养特点：醋的种类不同，醋糟营养成分差异很大。任克良等（2012）测定山西陈醋糟营养成分：初水分 70.35%、粗蛋白质 10.39%、粗脂肪 5.46%、粗灰分 9.46%、粗纤维 28.8%、中性洗涤纤维 70.91%、酸性洗涤纤维 53.79%、木质素 2.47%、钙 0.17%、磷 0.08%。

图 2-3 晒制的醋糟

2）利用方法：任克良（2013）在獭兔饲料中添加不同比例山西陈醋糟饲养试验结果表明：生长獭兔饲料中添加 21%醋糟，对生长速度、饲料利用率和皮毛质量无不良影响。繁殖母兔饲料中添加 10%醋糟为宜。

3）利用注意事项：新鲜醋糟要及时烘干或干燥。干燥不当造成霉变要弃用。

（2）麦芽根 麦芽根为啤酒制造过程中的副产物，是发芽大麦去根、芽的副产品，可能含有芽壳及其他不可避免的麦芽屑及外来物。麦芽根为浅黄色，麦芽气味芬芳，有苦味。其营养成分为：水分4%~7%、粗蛋白质24%~28%、粗脂肪0.5%~1.5%、粗纤维14%~18%、粗灰分6%~7%，还富含B族维生素及未知生长因子。因其含有大麦芽碱，有苦味，故喂量不宜过大，一般家兔饲料中可添加至20%。

（3）啤酒糟 啤酒糟是制造啤酒过程中所滤除的残渣。含有大量水分的叫鲜啤酒糟，加以干燥而得到的为干啤酒糟。其营养成分见表2-32。

表2-32 啤酒糟营养成分（质量分数,%）

种类	水分	粗蛋白质	粗脂肪	粗纤维	粗灰分	钙	磷
鲜啤酒糟	80.0	5.6	1.7	3.7	1.0	0.07	0.12
干啤酒糟	7.5	25.0	6.0	15.0	4.0	0.25	0.48

啤酒糟粗蛋白质含量高，且富含B族维生素、维生素E和未知生长因子。据报道，生长兔、泌乳兔饲料中啤酒糟可占15%左右，空怀兔及妊娠前期兔可占30%左右。

鲜啤酒糟含水量大，易变质，不宜久存，要及时晒干或饲喂，发霉变质的啤酒糟严禁喂兔。

（4）酒糟 酒糟是以含淀粉多的谷物或薯类为原料，经酵母发酵，再以蒸馏法萃取酒后的产品，经分离处理所得的粗谷部分加以干燥即得。其营养成分因原料、酿制工艺不同而有所差别，见表2-33。

表2-33 几种主要酒糟的营养成分（质量分数,%）

名称	干物质	粗蛋白质	粗脂肪	粗纤维	无氮浸出物	粗灰分
高粱白酒糟	90.0	17.23	7.86	17.43	44.01	11.45
大麦白酒糟	90.0	20.51	10.50	19.59	40.81	8.80

（续）

名称	干物质	粗蛋白质	粗脂肪	粗纤维	无氮浸出物	粗灰分
玉米白酒糟	90.0	19.25	8.94	17.44	45.36	8.00
大米酒糟	93.1	28.37	27.13	12.56	21.41	3.63
燕麦酒糟	90.0	19.86	4.22	12.89	45.58	7.39
大曲酒糟	90.0	17.76	7.35	27.61	34.04	18.28
甘薯酒糟	90.0	14.66	4.37	15.16	39.04	22.87
黄酒糟	90.0	37.73	7.94	4.78	38.18	1.36
五粮液酒糟	90.0	13.40	3.84	27.20	33.97	13.56
郎酒糟	90.0	18.13	5.04	15.12	46.59	13.66
葡萄酒糟	90.0	8.20	—	7.24	27.72	2.48

一般而言，各种粮食酿酒的酒糟粗蛋白质、粗脂肪均较多，但粗纤维偏高。而以薯类为原料的酒糟，其粗纤维、粗灰分的含量均高，且所含粗蛋白质消化率差，使用时要注意。

一般繁殖兔喂量应控制在15%以下，饲喂育肥兔酒糟可占饲料的20%，比例过大易引起不良后果。

（5）葡萄渣 葡萄渣又称葡萄酒渣，是葡萄酒厂的下脚料，由葡萄籽、葡萄皮、葡萄梗等构成。

葡萄渣营养成分见表2-34。葡萄渣中含有较高的单宁（鞣酸），因此，家兔饲料中用量应限制在15%以下。

表2-34 葡萄渣营养成分（质量分数，%）

名称	干物质	粗蛋白质	粗脂肪	粗纤维	无氮浸出物	粗灰分	钙	磷
干葡萄渣	91.00	11.80	7.20	29.00	33.70	9.30	0.55	0.05
鲜葡萄渣	30.00	4.00	—	8.80	—	—	0.20	0.09
干葡萄皮	89.30	59.71	16.22	27.45	32.17	3.80	0.55	0.24
干葡萄籽	86.95	14.75	7.23	18.46	40.71	5.80	0.05	0.31

（6）蔗渣 蔗渣是甘蔗制糖后所剩余的副产品。甘蔗渣（干晶）

的一般成分为干物质91%，其中粗蛋白质1.5%、粗纤维43.9%、粗脂肪0.7%、粗灰分2.9%、无氮浸出物42%、钙0.82%、磷0.27%。从中可以看出甘蔗渣的主要成分是纤维素，其营养成分与干草相似。但甘蔗渣有甜味，家兔喜食，可占到家兔饲料的20%左右。

(7) 玉米芯 玉米芯指玉米果穗脱粒后的副产品，又称玉米轴或玉米核。营养成分为：干物质97%，其中粗蛋白质2.3%~2.4%、粗脂肪0.4%、粗纤维36.6%~37.7%、无氮浸出物54.4%~56%、粗灰分3.4%~3.5%。玉米芯含糖量较高，是家兔的优质饲料，饲料中比例不宜超过20%。

(8) 向日葵盘 向日葵脱去籽粒后的花盘为向日葵盘，可作为家兔粗饲料。其营养成分为：干物质占85%以上，其中粗蛋白质5.2%~6.1%、粗脂肪2.2%~2.6%、粗纤维17.4%~20.1%、无氮浸出物39.6%~46.5%、粗灰分21.1%~24.7%、钙1.44%~1.68%、磷0.13%~0.15%。向日葵盘质地柔软，适口性好，可鲜喂。但向日葵盘在晒制过程中极易发霉变质，应引起注意。家兔饲料中添加量可达15%~20%。

四、青绿多汁饲料

青绿饲料是指天然水分含量在60%以上的饲料原料，包括青绿牧草、饲用作物、树叶类及非淀粉质的根茎、瓜果类。

1. 天然牧草

天然牧草是指草地、山场及平原田间地头自然生长的野杂草类，其种类繁多，除少数几种有毒外，其他均可用来喂兔，常见的有猪殃殃、婆婆纳、一年蓬、荠菜、泽漆、繁缕、马齿苋、车前、早熟禾、狗尾草、马唐、蒲公英、苦菜、野苋菜、胡枝子、艾蒿、蕨菜、涩拉秧、霞草、苋菜、篇蓄等。其中有些具有药用价值，如蒲公英具有催乳作用，马齿苋具有止泻、抗球虫作用，青蒿具有抗毒、抗球虫作用等。

合理利用天然牧草是降低饲料成本、获得高效益的有效方法。

2. 人工牧草

人工牧草是人工栽培的牧草。其特点是经过人工选育，产量高、

营养价值高、质量好。常见的人工牧草种类、栽培方法及其利用如下：

(1) 紫花苜蓿 紫花苜蓿又称紫苜蓿、苜蓿。被誉为“牧草之王”，是目前世界上栽培历史最长、种植面积最大的牧草品种之一，在我国广泛分布于西北、华北、东北地区及江淮流域等。

1）特性。紫花苜蓿为多年生草本植物。紫花苜蓿喜半干旱气候，日均气温15~20℃最适生长。具有抗寒性强、抗旱能力很强、对土壤要求不严格、耐盐碱、生长期最忌积水等特点。

2）栽培技术。紫花苜蓿种子细小，播前要求精细整地，施足底肥。紫花苜蓿从春季到秋季都可播种。一般多采用条播，行距为25~30厘米，播种深度为2~3厘米，土湿宜浅、土干宜稍深，播种后进行适当耙耱和镇压，每亩（1亩≈667米^2）播种量为1~1.5千克。

紫花苜蓿苗期生长缓慢，易受杂草侵害，应及时除草松土。尤其是播种当年必须除净杂草。

每年可收鲜草3~4次，一般每亩产3000~8000千克，其中第一次青割占40%~50%。通常4~5千克鲜草晒制1千克干草。

3）饲用价值。紫花苜蓿营养价值高，富含粗蛋白质、维生素和矿物质，还含有未知因子，是家兔优良的饲草。其营养成分见表2-35。

表2-35 紫花苜蓿营养成分（质量分数，%）

名称	干物质	粗蛋白质	粗脂肪	粗纤维	无氮浸出物	粗灰分	钙	磷
鲜草（盛花期）	26.57	4.42	0.54	8.70	10.00	2.91	1.57	0.18
干草粉（盛花期）	89.10	11.49	1.40	36.86	34.51	4.84	1.56	0.15

紫花苜蓿既可鲜喂，又可晒制干草做成配合饲料喂兔。但鲜喂时要限量或与其他种类牧草混合饲喂，否则易导致肠臌胀病。晒制干草宜在10%植株开花时刈割，留茬高度以5厘米为宜。

家兔配合饲料中苜蓿草粉可加至50%，哺乳母兔饲料中苜蓿草粉比例高达96%。

（2）普那菊苣　原是欧洲一种菊科野生植物。新西兰培育出菊苣饲用新品种——普那（Puna）菊苣。1988年由山西省农科院畜牧所开始引进、试种。经引种栽培、饲养试验，结果表明，普那菊苣产草量高，营养价值优良，适口性好，是一种高产优质饲草资源。现已在山西、陕西、浙江、江苏、河南等省推广种植。

1）特性。普那菊苣属菊科多年生草本植物。株高平均为170厘米左右，基生叶片大，叶色深绿，叶片质地嫩，故适口性好。普那菊苣喜温暖湿润气候，抗旱、耐寒性较强，较耐盐碱。喜肥喜水，对土壤要求不严格，旱地、水浇地均可种植。

2）栽培技术。春播、秋播均可，普那菊苣种子小，因此播种前需精心整地施肥；播种时最好与细沙等物混合，以便播撒均匀。条播、撒播均可，条播行距以30~40厘米为宜，播种深度为2~3厘米，每亩播种量为300~500克。也可种子育苗移栽。普那菊苣幼苗期及返青后易受杂草侵害，应加强杂草防治工作。

3）饲用价值。普那菊苣播种当年不抽茎，处于莲座叶丛期，产量较低。第二年产量可成倍增长，一般每年可刈割3~4次，每亩产鲜草7000~11000千克。刈割适宜期为初花期，留茬高度为15~20厘米。

普那菊苣营养成分见表2-36。普那菊苣以产鲜草为主。莲座叶丛期即可刈割饲用，生长第一年可刈割2次，从第二年起每年可刈割3~7次。

表2-36　普那菊苣营养成分

生长所限	生育期	水分（%）	占干物质（%）						
			粗蛋白质	粗脂肪	粗纤维	无氮浸出物	粗灰分	钙	磷
第一年	莲座叶丛	14.15	22.87	4.46	12.90	30.34	15.28	1.50	0.42
第二年	初花	13.44	14.73	2.10	36.80	24.92	8.01	1.18	0.24

（续）

生长所限	生育期	水分（%）	占干物质（%）						
			粗蛋白质	粗脂肪	粗纤维	无氮浸出物	粗灰分	钙	磷
第三年（再生草）	莲座叶丛	15.40	18.17	2.71	19.43	31.14	13.15	—	—

任克良（1990）用普那菊苣饲喂肉兔试验结果表明：普那菊苣适口性好，采食率为100%，日采食达445.5克，日增重达20.13克，整个试验期试验兔发育正常。此外，普那菊苣可利用期长，太原地区11月上旬各种牧草均已枯萎，但普那菊苣仍为绿色。

（3）红豆草 红豆草又名驴食豆、驴喜豆，是豆科红豆草属的多年生牧草。目前栽培最多的有普通红豆草和高加索红豆草。

1）特性。红豆草为多年生草本植物，寿命为2~7年或7年以上。株高为60~80厘米。种子为肾形、光滑、暗褐色，千粒重为16.2克，带荚种子千粒重为21克。

红豆草喜温暖干燥气候，抗旱性强，但抗寒能力差。在年均气温12~13℃、年降水量350~500毫米的地区生长最好。在冬季最低温-20℃以下、无积雪地区，不易安全越冬。

2）栽培技术。红豆草的寿命较长，但其最高产量为生长第二年至第四年。因此，它在轮作中的年限一般不应超过4年。红豆草不宜连作，连作易发生病虫害。一次种植之后，必须隔5~6年方能再种。

红豆草一般都带荚播种，播种前应精细整地，施足基肥。播种时间春、秋季皆可。红豆草多采用条播，收草用行距为25~30厘米，每公顷播种量为75~90千克，收种用行距为35~40厘米，每公顷播种量为45~60千克，播种深度为3~5厘米。

红豆草每年可刈割2~3次，每公顷产干草7500~15000千克。青饲宜在现蕾期至开花期刈割，晒制干草时宜在盛花期刈割，刈割留茬高度以5~7厘米为宜。

3）饲用价值。红豆草无论是青草还是干草，都是家兔的优质饲草。红豆草不同生育期的营养成分见表2-37。

表2-37 红豆草不同生育期的营养成分［占风干物的百分率（%）］

生育期	水分	粗蛋白质	粗脂肪	粗纤维	无氮浸出物	粗灰分
营养期	8.49	24.75	2.58	16.10	46.02	10.56
孕蕾期	5.40	14.45	1.60	30.28	43.73	9.94
开花期	6.02	15.12	1.98	31.50	42.97	8.43
结荚期	6.95	18.31	1.45	33.48	39.18	7.58
成熟期	8.03	13.58	2.35	35.75	42.90	7.62

与紫花苜蓿、三叶草相比，红豆草有四大特点：①红豆草各个生育阶段茎叶均含有较高的浓缩单宁，反刍家畜采食红豆草时，无论采食量多少都不会引起膨胀病；②红豆草茎秆中空，调制干草过程中叶片损失较少，调制干草较容易；③红豆草春季返青较早；④红豆草病虫害较少。

（4）苦荬菜 苦荬菜又叫苦麻菜、苦苣、野苦苣等，原为野生，经多年驯化选育，现已成为广泛栽培的饲料作物之一。我国各地广泛种植。

1）特性。属菊科一年生草本植物。株高1.5~2米，茎上多分枝，全株含白色乳汁。

2）栽培技术。播种适期，南方为2月下旬至3月；北方为3~6月。苦荬菜种子小而轻，播种前要求精细整地并施足底肥。可条播、穴播，行距为25~30厘米，播种深度为1~2厘米，每亩播种量为0.5~1千克。也可撒播，用种量每亩1.5~2千克。每亩产青草为5000~7000千克。

3）饲用价值。苦荬菜营养丰富（表2-38），柔嫩多汁，味稍苦，性甘凉，适口性好，是家兔优质青绿饲料。据报道：连续80天用苦荬菜喂兔，每天3次，日喂600~1000克，采食率达95%~100%，家兔生长发育良好，未发现腹泻现象。

表 2-38 苦荬菜营养成分（质量分数,%）

类别	水分	粗蛋白质	粗脂肪	粗纤维	无氮浸出物	粗灰分
茎叶	11.3	19.7	6.7	9.6	44.1	8.6

（5）黑麦 黑麦又名粗麦，既可做粮食，又可做饲料。而专门作为青饲料栽培的目的是解决北方早春家兔青饲的原料。

1）特性。黑麦为一年生禾本科黑麦属草本植物，株高 1~1.5 米，茎粗壮，不倒伏。种皮比小麦、大麦厚。黑麦喜冷凉气候，有冬性和春性两种。

2）栽培技术。黑麦的前茬最好是大豆、小麦和瓜类，需精细整地，施足基肥，播种与小麦相同。

黑麦品种较多，目前主要有小黑麦和冬牧 70 品种。

播种时最好将肥料、农药、除草剂混合制成种子包衣，这样处理的种子出苗好，病虫害少。

3）饲用价值。黑麦茎叶产量高，营养丰富，尤其含有丰富的维生素，适口性好，是早春缺青家兔青饲料的重要来源。青刈黑麦（冬牧 70）各生育期的营养成分见表 2-39。

表 2-39 青刈黑麦（冬牧 70）各生育期的营养成分（质量分数,%）

生育期	水分	粗蛋白质	粗脂肪	粗纤维	无氮浸出物	粗灰分
拔节期	3.86	15.08	4.43	16.97	59.38	4.14
孕穗初期	3.87	17.65	3.91	20.29	48.01	10.14
孕穗期	3.25	17.16	3.62	20.67	49.19	9.36
孕穗后期	5.34	15.97	3.93	23.41	47.00	9.69
抽穗始期	3.89	12.95	3.29	31.36	44.94	7.46

从表 2-39 可知，青刈黑麦茎叶的蛋白质含量以孕穗初期最高，是青饲的最佳时期，也可在苗长到 60 厘米时刈割，留茬 5 厘米，第

二次刈割后不再生长，仅利用2次。若收干草，则以抽穗始期为宜，每亩可晒制干草400~500千克。

（6）胡萝卜 原产于欧洲及中亚一带，现世界各国普遍种植，我国南北方均有栽培，除人类食用外，也是家兔优良的饲料。

1）特性。胡萝卜为伞形科胡萝卜属二年生草本植物，第一年形成茂密的簇生叶及肉质根，第二年开花结实。

胡萝卜喜温和冷凉气候，幼苗能耐短期-3~-5℃低温，茎叶生长最适温度为23~25℃，肉质根生长最适温度为13~18℃。较耐旱，不耐涝，怕积水。喜生长在土层深厚、疏松、富含有机质的沙壤土，对土壤酸碱度适应性强。

2）栽培技术。种植前应将土地深耕细耙，施足底肥。播种期多在夏季，并于冬季前收获，播种方法有条播和撒播两种，条播行距为20~30厘米，播种深度为2.3厘米，每亩播种量为0.7千克。胡萝卜每亩产量为2500~3500千克。

3）饲用价值。胡萝卜营养成分见表2-40。

表2-40 胡萝卜营养成分（质量分数，%）

类别	水分	粗蛋白质	粗脂肪	粗纤维	无氮浸出物	粗灰分
根	92.2	1.74	0.09	1.08	3.37	0.82

胡萝卜柔嫩多汁，适口性好，易被兔体消化和吸收，可促进幼兔生长发育，提高繁殖母兔和公兔繁殖力，是家兔缺青季节主要的多汁饲料，可洗净切碎生喂。胡萝卜缨必须限量饲喂，否则易导致氢氰酸中毒。

此外栽培牧草还有红三叶、白三叶等。

3. 青刈作物

青刈是把农作物（如玉米、豆类、麦类等）进行密植，在籽实成熟前收割用来喂兔。青刈玉米营养丰富，茎叶多汁，有甜味，一般在拔节2个左右时收割。青刈大麦可作为早春缺青时良好的维生素补充饲料。

4. 蔬菜

在冬、春缺青季节，一些叶类蔬菜可作为家兔的补充饲料，如白菜、油菜、蕹菜、牛皮菜、卷心菜、菠菜等。它们含水分高，具有清火通便作用，含有丰富的维生素。但这类饲料保存时易腐败变质，堆积发热后，硝酸盐被还原成亚硝酸盐，造成家兔中毒。根据笔者饲养实践，饲喂家兔卷心菜时粪便有呈两头尖、相互粘连现象。有些蔬菜如菠菜等含草酸盐较多，影响钙的吸收和利用，利用时应限量饲喂。饲喂蔬菜时应先将其阴干，每只兔每天喂 150 克左右为宜。

5. 树叶类

（1）刺槐叶 刺槐又名洋槐，为豆科刺槐属落叶乔木。刺槐的叶、花、果实和种子都是家兔的优质饲料。刺槐叶粉是高能量、高蛋白质饲料，并且粗纤维含量少。

刺槐叶可占家兔饲料的 30%~40%。

（2）松针叶粉 是用松属的松针叶为原料加工而成的。松属主要有赤松、红松、油松、黑松、马尾松、高山松、云南松、华山松、黄山松、樟子松等。其营养成分见表 2-41。

表 2-41 松针叶粉营养成分

成分	赤松、黑松混合叶粉	马尾松叶粉	成分	赤松、黑松混合叶粉	马尾松叶粉
水分（%）	7.8	8.0	钙（%）	0.54	0.39
粗蛋白质（%）	8.95	7.80	磷（%）	0.08	0.05
粗脂肪（%）	11.10	7.12	胡萝卜素/（毫克/千克）	121.8	291.8
粗纤维（%）	27.12	26.84	维生素 C/（毫克/千克）	522	735
粗灰分（%）	3.43	3.00	硒/（毫克/千克）	3.6	2.8

松针叶粉营养物质比较全面，除粗蛋白质、粗纤维外，还含有大

量的活性物质，如维生素 C、B 族维生素、胡萝卜素、叶绿素、杀菌素。维生素含量高，故称为针叶维生素，是良好的家兔饲料添加剂。

松针叶粉具有松脂气味，含有挥发性物质，在家兔饲料中添加量不宜过高，一般为 10%~15%。

（3）构树（图 2-4） 构树又名谷浆树、古名楮，是桑科构树属落叶乔木。树皮为造纸原料。树高 6~16 米，有乳汁。

营养特点：粗蛋白 33.27%、粗纤维 8.1%、粗灰分 9.6%、粗脂肪 3.3%、钙 1.53%、磷 0.6%。

家兔饲料中添加量以 15%~20%为宜。

图 2-4　构树

（4）其他树叶 有柳树叶、桑树叶、紫荆叶、香椿树叶、榆树叶、沙棘叶、杨树叶、苹果树叶等，具有较高的饲用价值（营养成分见表 2-42）。其中果树叶营养丰富，粗蛋白质为 10%左右，在家兔饲料中可添加 15%左右，但应注意果树叶中农药残留。

表 2-42　一些树叶营养成分（质量分数，%）

类别	干物质	粗蛋白质	粗脂肪	粗纤维	无氮浸出物	粗灰分	钙	磷
柳树叶	89.5	15.4	2.8	15.4	47.8	8.1	1.94	0.21
榆树叶	89.4	17.9	2.7	13.1	41.7	14.0	2.01	0.17

（续）

类别	干物质	粗蛋白质	粗脂肪	粗纤维	无氮浸出物	粗灰分	钙	磷
构树叶	89.4	24.6	4.6	10.6	35.9	13.9	2.98	0.20
榛树叶	91.9	13.9	5.3	13.3	54.8	4.6	—	—
紫荆叶	92.1	15.4	5.5	26.9	37.9	6.4	2.43	0.10
香椿叶	93.1	15.9	8.1	15.5	46.3	7.3	—	—
白杨叶	32.5	5.7	1.7	6.2	17.0	1.9	0.43	0.08
家杨叶	91.5	25.1	2.9	19.3	33.0	11.2	3.36	0.40
响树叶	91.1	18.4	5.5	18.5	39.2	12.4	—	0.31
柞树叶	88.0	10.3	5.9	16.4	49.3	6.2	0.88	0.18
柠条叶	95.5	26.7	5.2	24.3	32.8	6.5	—	—
黑子桑叶	94.0	22.3	7.0	12.3	38.6	13.8	—	—
沙棘叶	94.8	28.4	8.0	12.6	40.0	8.5	—	—
五倍子叶	90.8	16.6	5.1	12.2	49.2	7.7	1.91	0.13
苹果树叶	95.2	9.8	7.0	8.6	59.8	10.0	2.09	0.13

6. 多汁饲料

多汁饲料包括块根、块茎、瓜类等，常用的有胡萝卜、白萝卜、甘薯、马铃薯、木薯、菊芋、南瓜、西葫芦等。

营养特点：水分含量高，干物质含量低，消化能低，属大容积饲料。多数富含胡萝卜素，具有较好的适口性，还具有轻泻和促乳作用，是冬季和初春缺青季节家兔的必备饲料。

注意以下几点：①控制喂量。由于该类饲料含水分高，多具寒性，饲喂过多，尤其是仔、幼兔，易引起肠道过敏，发生粪便变软，甚至腹泻。②饲喂时应洗净、晾干再喂。最好切成丝倒入料盒中喂给。③贮藏不当时，该类饲料极易发芽、发霉、染病、受冻，喂前应做必要的处理。

五、矿物质饲料

矿物质饲料是指可供饲用的天然的、化学合成的或经特殊加工的无机饲料原料或矿物质元素的有机络合物原料。

1. 钙源性饲料

（1）碳酸钙（石灰石粉） 碳酸钙俗称石粉，呈白色粉末，主要成分是碳酸钙，含钙量不可低于33%，一般为38%左右。有些石粉含有较高的其他元素，特别是有毒元素（重金属、砷等）含量高的不能用作饲料级石粉。

一般来说，碳酸钙颗粒越细，吸收率越好。

（2）贝壳粉 贝壳粉是各种贝类外壳经加工粉碎而成的粉状产品。优质的贝壳粉含钙高达36%，杂质少，呈灰白色，杂菌污染少。贝壳粉常掺有沙砾、铁丝、塑料品等杂物，使用时要注意。

（3）蛋壳粉 蛋壳粉是蛋加工厂的废弃物，包括蛋壳、蛋膜、蛋白等混合物，经干燥粉碎而得，含钙量为29%～37%、磷0.02%～0.15%。制作蛋壳粉时应注意消毒，在烘干时最后产品温度应达82℃，以保证消毒彻底，以免蛋白腐败，甚至传染疾病。

（4）石膏 石膏的主要成分为硫酸钙，分子式为$CaSO_4 \cdot nH_2O$，结晶水多为2个分子，颜色为灰黄色至灰白色，高温高湿条件下可潮解结块。钙含量为20%～21%，硫含量为16.7%～17.1%。石膏因其含有高量的氟、砷、铝等品质较差，使用时要注意。石膏还有预防家兔异食癖的作用。石膏粉有掺杂滑石粉的问题，要注意识别。

（5）白云石 白云石是碳酸钙和碳酸镁的天然混合物，含镁量低于10%，含钙24%，饲用效果不如碳酸钙类。

（6）方解石 方解石主要为碳酸钙，含钙33%以上。

（7）白垩石 白垩石主要是碳酸钙，含钙33%以上。

（8）乳酸钙 乳酸钙为无色无味的粉末，易潮解，含钙13%，吸收率较其他钙源高。

（9）葡萄糖酸钙 葡萄糖酸钙为白色结晶或粒状粉末，无臭无味，含钙 8.5%，消化利用率高。

2. 磷源性饲料

磷源性饲料多属于磷酸盐类。其成分见表 2-43。

表 2-43 几种磷源性饲料的成分

饲料名称	磷（%）	钙（%）	钠（%）	氟/(毫克/千克)
磷酸氢二钠	21.81	—	32.38	—
磷酸氢钠	25.80	—	19.15	—
磷酸氢钙（商业用）	18.97	24.32	—	816.67

所有含磷饲料必须脱氟后才能使用，因为天然矿石中均含有较高的氟，一般高达 3%~4%，一般规定含氟量为 0.1%~0.2%，过高容易引起家兔中毒。

3. 钙磷源性饲料

（1）骨粉 骨粉是以家畜骨骼为原料，一般经蒸气高压下蒸煮灭菌后，再粉碎而制成的产品。其营养成分见表 2-44。骨粉是家兔最佳钙磷补充料。但若加工时未灭菌，常携带大量细菌，易发霉结块，产生异臭，故使用时必须注意。

表 2-44 骨粉营养成分（质量分数,%）

类别	干物质	钙	磷	氯	铁	镁	钾	钠	硫	铜	锰
煮骨粉	93.6	22.96	10.25	0.09	0.044	0.35	0.23	0.74	0.12	8.50	3.90
蒸制骨粉	95.5	30.14	14.53	—	0.084	0.61	0.18	0.46	0.22	7.40	13.80

（2）磷酸氢钙 磷酸氢钙又叫磷酸二钙，为白色或灰白色粉末，通常含 2 个结晶水，含钙不低于 23%、磷不低于 18%。磷酸氢钙的钙、磷利用率高，是优质的钙磷补充料，目前在家兔饲料中广泛应用。

（3）磷酸一钙 磷酸一钙又名磷酸、二氢钙，为白色结晶粉末，以一水盐居多，含钙不低于 15%、磷不低于 22%。

（4）磷酸三钙 磷酸三钙为白色无臭粉末，含钙 32%、磷 18%。

注意事项：在确定选用或选购具体种类的钙磷补充料时，应考虑下列因素：①纯度；②有害物含量（氟、砷、铅）；③细菌污染与否；④物理形态（如细度等）；⑤钙磷利用率和价格。应以单位可利用量的单价最低为选用原则。

4. 钠源性饲料

食盐中含氯 60%，含钠 39%，碘化食盐中还含有 0.007%的碘。在家兔饲料中添加 0.5%食盐完全可以满足钠和氯的需要量，高于1%对家兔的生长有抑制作用。

使用含盐量高的鱼粉、酱渣时，要适当减少食盐添加量，防止食盐中毒。

5. 天然矿物质原料

（1）稀土 稀土是化学元素周期表中镧系元素和化学性质相似的钪、钇等 17 种元素的总称。

据报道，用粉粒状硝酸稀土（以氧化物计算，稀土含量为 38%）0.03%添加于肉兔饲料中，日增重提高、料肉比下降。生长獭兔饲料中每天添加 250 毫克硝酸稀土，日增重提高、料肉比下降，优质毛比例升高。每千克饲料中添加 200 毫克稀土对热应激公兔睾丸机能恢复有较好效果。

（2）沸石 沸石是一族含碱金属或碱土金属的多孔的硅铝酸盐晶体矿物的总称，被称为“非金属之王”。含有钙、锰、钠、钾、铝、铁、铜、铬等 20 余种家兔生长发育所必需的矿物元素。已发现天然沸石有四十余种。

沸石其共同特性是有选择性的吸附性能和可逆的离子交换性。因此，在家兔营养、养殖环境、饲料质量的改进等方面具有多种作用。据报道，獭兔饲料中添加 3%沸石，兔皮质量明显提高。家兔饲料中用量为 3%～5%。

（3）麦饭石 因其外貌似饭团而得名，是由花岗岩风化形成的一种对生物无毒无害、具有一定生物活性的矿物保健药石。

麦饭石中微量元素含量因产地不同而不同（表 2-45）。

表 2-45 麦饭石微量元素含量（单位：毫克/千克）

类别	锌	铜	锰	铬	钼	钴	镍	锶	硒	矾
中华麦饭石	80.00	4.81	—	32.00	2.00	3.000	4.20	450.00	0.03	130.00
定远麦饭石	40.82	14.74	383.19	52.64	—	11.157	34.65	—	—	—

麦饭石在动物胃肠道中可溶出对动物体有益的矿物元素，而对机体有害的物质如铅等重金属及砷和氰化物，有较强的吸附能力和离子交换能力。麦饭石属黏土矿物，在消化道可提高食物的滞留性，使养分在消化道内充分吸收，故可提高饲料利用率。麦饭石还可提高动物体免疫力。

肉兔饲料中添加 4%麦饭石，日增重提高 44.23%，料肉比降低 11.63%。

（4）海泡石 海泡石是一种富含镁质的纤维状硅酸盐黏土矿物。具有良好的吸附性、流变性、离子交换性、热稳定性，同时具有催化性和黏合调剂作用。家兔饲料中添加 2%～4%的海泡石粉，对促进家兔生长、提高饲料利用率有明显效果。

（5）凹凸棒石 凹凸棒石是一种镁铝硅酸盐，含有多种家兔必需的常量元素和微量元素（表 2-46）。

表 2-46 凹凸棒石矿物质含量

元素	含量/(毫克/千克)	元素	含量/(毫克/千克)	元素	含量/(毫克/千克)
钙	124000	锌	41	钛	150
磷	480	钼	0.9	钒	50
钠	500	钴	10	铅	9
钾	4200	硒	1	汞	0.03
镁	108200	锰	1380	砷	0.91
铁	14800	氟	361	铬	30
铜	20	锶	500		

凹凸棒石具有离子交换、胶体、吸附、催化等化学特性。据报道，毛兔饲料中添加 10%凹凸棒石粉，产毛量提高 12.2%，日增重

提高 28.6%，兔毛光泽度好。

(6) 蛭石 蛭石是一种含水铁质硅铝酸盐矿物质，呈鳞片状、片状。含钙、镁、钠、钾、铝、铁、铜、铬等多种动物所需矿物元素。具有较强的阳离子交换性，能携带某些营养物质，如液体脂肪等；还具有抑制霉菌生长的作用，是防霉剂很好的载体。

六、维生素饲料

维生素饲料指工业合成或提取的单一种或复合维生素制剂，但不包括富含维生素的天然青绿饲料。

(1) 维生素 A 常以维生素 A 乙酸酯和维生素 A 棕榈酸酯居多。前者为浅黄色至红褐色球状颗粒，后者为黄色油状或结晶固体。维生素 A 添加剂型有油剂、粉剂和水乳剂。目前我国生产的饲料维生素 A 多为粉剂，主要有微粒胶囊和微粒粉剂。

维生素 A 稳定性与饲料贮藏条件有关，在高温、潮湿、有微量元素和脂肪酸败情况下，维生素 A 易氧化而失效。

(2) 维生素 D 多用维生素 D_3，外观呈奶油色细粉，含量为 10 万~50 万国际单位/克。剂型有微粒胶囊、微粒粉剂、β-环糊精包被物和油剂等。鱼肝油中维生素 D 是维生素 D_2 和维生素 D_3 的混合物，维生素 AD 制剂也是常用的添加形式。

维生素 D_3 稳定性也与贮藏条件有关，即在高温、高湿及有微量元素情况下，受破坏加速。

(3) 维生素 E 维生素 E 添加剂多由 D-α-生育酚乙酸酯和 DL-α-生育酚乙酸酯制成，外观呈浅黄色黏稠油状液。商品剂型有粉剂、油剂和水乳剂。

维生素 E 在温度 45℃条件下，可保存 3~4 个月，在配合饲料中可保存 6 个月。

(4) 维生素 K 多用维生素 D_3 制品，有以下剂型。

1）亚硫酸氢钠甲萘醌（MSB）：商品剂型有两种，一种是含量为 94%的高浓度产品，稳定性差，但价格低廉；另一种含量为 50%，用明胶微囊包被而成，稳定性好。

2）亚硫酸氢钠甲萘复合物（MSBC）：是一种晶体粉状维生素 K 制剂，稳定性好，是目前使用最广泛的维生素 K 制剂。

3）亚硫酸嘧啶甲萘醌（MPB）：是最新产品，含活性成分 50%，是稳定性最好的一种剂型，但具有一定毒性，应限量使用。

维生素 K 在粉状料中较稳定，对潮湿、高温及微量元素较敏感，饲料制粒过程中有损失。

（5）B 族维生素和维生素 C B 族维生素和维生素 C 添加剂的规格要求见表 2-47。

表 2-47 B 族维生素和维生素 C 添加剂的规格要求

种类	外观	含量（%）	水溶性
盐酸维生素 B_1	白色粉末	98	易溶于水
硝酸维生素 B_1	白色粉末	98	易溶于水
维生素 B_2	橘黄色至褐色细粉	96	很少溶于水
维生素 B_6	白色粉末	98	溶于水
维生素 B_{12}	浅红色至浅黄色粉末	0.1~1	溶于水
泛酸钙	白色至浅黄色	98	易溶于水
叶酸	黄色至橘黄色粉末	97	水溶性差
烟酸	白色至浅黄色粉末	99	水溶性差
生物素	白色至浅褐色粉末	2	溶于水
氯化胆碱（固态）	白色至褐色粉末	50	部分溶于水
维生素 C	无色结晶，白色至浅黄色粉末	99	溶于水

使用维生素饲料应注意的事项：

第一，维生素添加剂应在避光、干燥、阴凉、低温环境下分类贮藏。

第二，目前家兔饲料中添加的维生素多使用其他畜禽所用维生素添加剂，这时应按兔营养标准中维生素的需要量，再根据所用维生素添加剂其中活性成分的含量进行折算。

第三，饲料在加工（如制粒）、贮藏过程中的损失，因维生素种类、贮藏条件不同，损失大小不同，需要量的增加比例也不同。

此外，家兔在转群、刺号、注射疫苗时，饲料中可增加维生素 A、

维生素 E、维生素 C 和某些 B 族维生素，以增强家兔的抗病力。为此目的添加的维生素需增加 1 倍或更多。

七、饲料添加剂

饲料添加剂是指为了补充营养物质，保证或改善饲料品质，提高饲料利用率，促进动物生长和繁殖，保障动物健康而掺入饲料中的少量或微量营养性及非营养性物质。我国将饲料添加剂分为两种类型：其一是营养性饲料添加剂，如赖氨酸、蛋氨酸等；其二是非营养性饲料添加剂，如饲料防腐剂、饲料黏合剂、驱虫保健剂等。

1. 营养性饲料添加剂

（1）微量元素添加剂

1）铁补充料：有硫酸亚铁、硫酸铁、碳酸亚铁、氯化亚铁、柠檬酸铁、葡萄糖酸铁、富马酸亚铁、DL-苏氨酸铁、蛋氨酸铁等。最常用的一般为硫酸亚铁，其利用率高，成本低；有机铁利用率高，毒性低，但价格昂贵。

硫酸亚铁通常为七水盐和一水盐，前者为绿色结晶颗粒，溶解性强，利用率高，含铁为 20.1%。一水硫酸亚铁为灰白色粉末，由七水硫酸亚铁加热脱水而得，因其不易吸潮起变化，所以加工性能好，与其他成分的配伍性好。

2）铜补充料：主要有硫酸铜、氧化铜、碳酸铜、碱式碳酸铜等。

硫酸铜常是五水硫酸铜，为蓝色晶体，含铜 25.5%，易溶于水，利用率高，易潮解，长期贮藏易结块，使用前应脱水处理。而一水硫酸铜克服了五水硫酸铜的缺点，使用方便，更受欢迎。

3）锌补充料：有硫酸锌、碳酸锌、氧化锌、氯化锌、醋酸锌、乳酸锌，以及锌与蛋氨酸、色氨酸的络合物等。

市场上的硫酸锌有七水盐和一水盐。七水硫酸锌为五色结晶，易溶于水，易潮解，含锌 22.7%，加工时需脱水处理。一水硫酸锌为乳黄色至白色粉末，易溶于水，含锌 36.1%，加工性能好，使用方便，更受欢迎。

氧化锌为白色粉末，与硫酸锌有相同的效果，有效含量高（含锌80.3%），成本低，稳定性好，贮存时间长，不结块，不变性，对其他活性物质无影响，具有良好的加工特性，越来越受欢迎。

4）锰补充料：有硫酸锰、碳酸锰、氧化锰、氯化锰、磷酸锰、柠檬酸锰、醋酸锰、葡萄糖酸锰等。

市场上硫酸锰一般为一水硫酸锰，为白色或浅粉红色粉末，易溶于水，中等潮解性，稳定性高，含锰32.5%。硫酸锰对皮肤、眼睛及呼吸道黏膜有损伤作用，故加工、使用时应戴防护用具。

氧化锰主要是一氧化锰，化学性质稳定，相对价格低，含锰77.4%，有取代硫酸锰的趋势。

5）碘补充料：有碘化钾、碘化钠、碘酸钾、乙二胺二氢碘化物。

碘化钾为白色结晶粉末，易潮解，易溶于水。碘化钠为五色结晶。二者皆无臭味，具有苦味及碱味，利用率高，但其碘稳定性差，通常添加柠檬酸铁及硬脂酸钙（一般添加10%）作为保护剂，使之稳定。

碘酸钾含碘59.3%，稳定性比碘化钾好。

碘酸钙为白色结晶或结晶性粉末，无味或略带碘味，多用其0~1个结晶水的产品，其含碘量为62%~64.2%，基本不吸水，微溶于水，很稳定，其生物学效价与碘化钾相同，正逐渐取代碘化钾。

6）硒补充料：有亚硒酸钠、硒酸钠及有机硒（如蛋氨酸硒）。

亚硒酸钠为白色到粉红色结晶粉末，易溶于水，五水亚硒酸钠含硒30%，无水亚硒酸钠含硒45.7%。

硒酸钠为白色结晶粉末，无水硒酸钠含硒45.7%。

亚硒酸钠和硒酸钠均为剧毒物质，操作人员必须戴防护用具，严格避免接触皮肤或吸入其粉尘，加入饲料中应注意用量和均匀度，以防家兔中毒。

7）钴补充料：有碳酸钴、硫酸钴、氯化钴等。

碳酸钴含钴49.6%，为血青色粉末，能被家兔很好利用，不易吸湿，稳定，与其他微量活性成分配伍性好，具有良好的加工特性，

故被广泛应用。

硫酸钴有七水硫酸钴和一水硫酸钴。七水硫酸钴为暗红色透明结晶，易吸湿返潮结块，应用时应脱水。一水硫酸钴为青色粉末，使用方便。

氯化钴一般为粉红色或紫红色结晶粉末，含钴45.3%，是应用最广泛的钴添加物。

（2）常量元素添加剂

1）镁补充料：有硫酸镁、氧化镁、碳酸镁、醋酸镁和柠檬酸镁。

硫酸镁常用七水硫酸镁，为无色柱状或针状结晶，无臭，有苦味及咸味，无潮解性，生物学利用率好，但因其具有轻泻作用，应限制其用量。

氧化镁为白色或灰黄色细粒状，稍具潮解性，暴露于水气下易结块。据报道，每千克家兔饲料中添加氧化镁2.27克，可有效预防家兔食毛癖的发生。

2）硫补充料：常用的有蛋氨酸、硫酸盐（硫酸钾、硫酸钠、硫酸钙等）。蛋氨酸中硫的利用率很高。研究表明：当家兔饲料中含硫氨基酸不足时，饲料中补充硫酸钠，能明显提高氮的利用率，同时对提高干物质和有机物质的消化率也有作用。

（3）氨基酸添加剂 目前作为饲料添加剂的氨基酸主要有以下几种：

1）蛋氨酸：主要有DL-蛋氨酸和DL-蛋氨酸羟基类似物（MHA）及其钙盐（MHA-Ca）。此外，还有蛋氨酸金属络合物，如蛋氨酸锌、蛋氨酸锰、蛋氨酸铜等。

2）赖氨酸：目前作为饲料添加剂的赖氨酸主要有L-赖氨酸和DL-赖氨酸。因家兔只能利用L-赖氨酸，所以兔用赖氨酸添加剂主要为L-赖氨酸，对于DL-赖氨酸产品，应注意其标明的L-赖氨酸含量保证值。

作为商品的饲用级赖氨酸，通常是纯度为98.5%以上的L-赖氨酸盐酸盐，相当于含赖氨酸（有效成分）78.8%以上，为白色至浅

黄色颗粒状粉末，稍有异味，易溶于水。

3）色氨酸：作为饲料添加剂的色氨酸有 DL-色氨酸和 L-色氨酸，均为无色至微黄色晶体，有特异性气味。

色氨酸属第三或第四限制性氨基酸，是一种很重要的氨基酸，具有促进 r-球蛋白产生、抗应激、增强兔体抗病力等作用。一般饲料中添加量为 0.1%左右。

4）苏氨酸：作为饲料添加剂的苏氨酸主要有 L-苏氨酸，为无色至微黄色结晶性粉末，有极弱的特异性气味。在植物性低蛋白质饲料中，添加苏氨酸效果显著。一般饲料中添加量为 0.03%左右。

（4）维生素添加剂 详见本书维生素饲料部分。

2. 非营养性饲料添加剂

（1）生长促进剂 根据农业农村部 194 号文件精神，从 2020 年 7 月 1 日期起禁止在饲料中添加任何促生长添加剂。为此，该内容予以省去。

（2）抗球虫病药 球虫病是影响养兔业最主要的疾病之一。家兔抗球虫病药物很多，我国兽药名录中仅有地克珠利一种抗球虫病药。表 2-48 中介绍了欧盟允许使用的用于家兔的抗球虫病药。

表 2-48 抗球虫病药

名称	每吨饲料中用量/克	欧盟注册状况	停药期/天	备注
氯苯胍	50~66	所有种类的家兔	5	控制肝球虫效果差
地克珠利	20~25	生长-育肥兔	5	
盐霉素	1	所有种类的家兔	1	超过推荐剂量时出现采食量下降的情况

此外，二氯二甲吡啶酚和二氯二甲吡啶酚与奈喹酯的复合制剂对球虫病有效。有些成功地用于家禽的离子载体对家兔却有毒，如甲基盐酸盐、莫能菌素，要慎重使用。

抗球虫病疫苗在肉鸡中被广泛使用。目前，我国已研制成功兔用二价球虫疫苗，已应用于兔业生产中，效果确切。

（3）调味剂 调味剂是为增强动物食欲，促进消化吸收，掩盖饲料组分中动物不喜欢的气味，增加动物喜爱的气味而在饲料中加入的一种饲料添加剂。分天然调味剂和人造调味剂。剂型有固体和液体两种。常用的调味剂主要有香料及其引诱剂、谷氨酸钠、甜味剂等。

据报道：家兔饲料中添加0.2%~0.5%谷氨酸钠、2%~5%糖蜜或0.05%糖精，有增强动物食欲、提高增重的效果。另据任克良等试验结果表明，生长兔饲料中添加0.5%甘草（甜味剂）、1%芫荽（香味剂），具有良好的诱食效果。其中添加芫荽的生长兔增重速度提高13%。

（4）防霉防腐剂

1）丙酸及其盐类：主要包括丙酸、丙酸铵、丙酸钠和丙酸钙4种，对霉菌有较显著的抑菌效果，其抑菌效果依次为：丙酸>丙酸铵>丙酸钠>丙酸钙。添加量：配合饲料中要求丙酸为0.3%以下，丙酸钠为0.1%，丙酸钙为0.2%，实际添加量要视具体情况而定。

添加方法：①直接喷洒或混入饲料中。②液体的丙酸可以用蛭石等为载体制成吸附型粉剂，再混入饲料中，效果较好。

2）富马酸和富马酸二甲酯：富马酸又称延胡索酸，为无色结晶或粉末，有水果酸香味，溶解度低。对真菌、细菌均有抑制、杀灭作用，是目前广泛使用的食品饲料添加剂。在饲料中添加量一般为0.03%~0.05%。

（5）抗氧化剂

1）乙氧基喹啉（EMQ）：主要用作饲用油脂、苜蓿粉、鱼粉、动物副产品、维生素或配合饲料、预混料的抗氧化剂。目前在饲料中应用最广泛。在家兔饲料中每吨饲料添加不得超过150克。

2）丁羟甲氧苯（BHA）：又名丁羟基茴香醚，为白色或微黄褐色结晶或结晶性粉末。可用作食物油脂、饲用油脂、黄油和维生素等的抗氧化剂，与丁羟甲苯、柠檬酸、维生素C等合用有相乘作用。添加量不超过200克/吨。

3）二丁基羟基甲苯（BHT）：无色或白色的结晶块或粉末。可用于长期保存油脂和含油脂较高的食品、饲料和维生素添加剂中，用量不超过 200 克/吨，与丁羟甲氧苯合用有相乘作用，二者总量不超过 200 克/吨。

（6）黏合剂 黏合剂又称为颗粒饲料制粒添加剂。

1）膨润土：是一种以蒙脱石为主要成分的黏土。用量以不超过饲料 2%为宜，细度要求至少 90%~95%通过 200 目筛。

2）糖蜜：可分为甘蔗糖蜜、甜菜糖蜜，均为制糖的副产物，因其具有一定的黏度，也可作为家兔颗粒饲料黏结剂。

3）海泡石：除可作为饲料添加剂、稀释剂外，还可作为黏合剂。

（7）除臭剂 为了防止家兔尿粪的臭味污染兔舍环境，可在饲料中添加除臭剂。除臭剂主要是一些吸附性强的物质，如凹凸棒石粉、细沸石粉（或煤灰）和七水硫酸亚铁 7 份+煤灰（或细沸石粉）3. 5 份，饲料中添加 0. 5%~1%，可防止恶臭。

第二节 绿色饲料添加剂

一、酸化剂

能使饲料酸化的物质为酸化剂。酸化剂可以增加幼兔发育不成熟的消化道酸度，刺激消化酶的酶活性，提高饲料养分消化率；同时酸化剂既可杀灭或抑制饲料本身存在的微生物，又可抑制消化道内的有害菌，促进有益菌的生长。

1. 酸化剂的作用机理

（1）补充幼兔胃酸分泌不足，降低胃肠道 pH，提高消化酶的活性 添加酸化剂可使胃内 pH 下降，激活胃蛋白酶，促进蛋白质分解。胃内 pH 的降低还可提高胃内其他酶的活性。

（2）降低饲料 pH 和酸的结合力，改善胃肠道微生物区系 消化道病原菌生长的适宜 pH 均为中性偏碱，如大肠杆菌为 6.0~8.0、葡

萄球菌为6.8~7.5、梭状芽孢杆菌为6.0~7.5，而乳酸杆菌等有益菌适宜在酸性环境下生长。因此，酸化剂通过降低胃肠道pH可抑制有害菌的繁殖，减少营养物质的消耗和有害物质的产生，同时促进有益菌的增殖。

（3）直接参与体内代谢，提高营养物质消化率，缓解应激 某些有机酸是能量代谢过程中的重要中间产物，可直接参与代谢，如延胡素酸等。在应激状态下可用于三磷酸腺苷（ATP）的紧急合成，增强机体自身的抗应激能力。

（4）改善饲料适口性，增加采食量 适量的酸可提高日粮适口性，增加幼兔采食量，但如果酸量过大时，适口性会降低，增重速度会减慢。

（5）可作为饲料保存添加剂 丙酸和丙酸钙是很好的饲料防霉剂，被广泛用于饲料保存，山梨酸也是一种很好的饲料防霉剂，添加延胡索酸可使预混料中维生素A、维生素C的稳定性提高。

2. 酸化剂的种类

目前饲料酸化剂主要有3种：有机酸化剂、无机酸化剂和复合酸化剂。

（1）有机酸化剂 首先，有机酸化剂可在消化道解离产生氢离子，降低pH，阴离子是体内中间代谢产物，参与能量代谢。其次，多数酸化剂具有良好的风味，因此被广泛应用。常用的主要有：柠檬酸、延胡索酸、乳酸、丙酸、苹果酸、山梨酸、甲酸、二甲酸、乙酸等。

（2）无机酸化剂 无机酸化剂主要包括盐酸、磷酸等。其中磷酸即可作为酸化剂，也可作为磷的来源。

（3）复合酸化剂 复合酸化剂是利用几种特定的有机酸和无机酸复合而成。能迅速降低pH，保持良好的缓冲值、生产成本和最佳添加成本。

3. 酸化剂的应用效果

目前酸化剂应用较广，主要用于提高动物日增重、降低料肉比、减少疾病、缓冲应激，并且还可作为饲料稳定剂和保存剂。

郑建婷、任克良等（2019）报道，生长肉兔饲料中柠檬酸添加水平为1.5%时可降低料重比、减少腹泻和死亡、提高粗蛋白质和粗灰分的表观消化率。詹海杰、任克良等将二甲酸钾与磷酸组成的复合酸化剂添加到伊拉断奶肉兔饲料中表明其可替代抗生素应用于商品肉兔饲料中，最佳添加量为0.1%。Reda等在生长兔日粮中添加2克/千克山梨酸钾、水合铝硅酸钠钙5克/千克、蛋氨酸8克/千克或三者的混合物能有效降低黄曲霉毒素对家兔生产性能、抗氧化能力和免疫状态的不利影响，且单独添加山梨酸钾或蛋氨酸改善效果更好。

二、中草药添加剂

中草药添加剂资源丰富，且具有促生长，提高繁殖力，防治疾病等多种功能。

1. 单方中草药添加剂

（1）大蒜 每只兔每天喂2~3瓣大蒜，可防治兔球虫病、蛲虫病、感冒及腹泻。饲料中添加10%的大蒜萁粉，不仅可提高日增重，还可预防多种疾病。

（2）黄芪粉 每只兔每天喂1~2克黄芪粉，可提高日增重，增强抗病力。

（3）陈皮 即橘子皮，肉兔饲料中添加5%陈皮粉可提高日增重，改善饲料利用率。

（4）石膏粉 每只兔每天喂0.5%，产毛量可提高19.5%，也可治疗兔食毛症。

（5）蚯蚓 蚯蚓含有多种氨基酸，饲喂家兔有增重、提高产毛量、提高母兔泌乳量等作用。

做法是：取蚯蚓数条，洗净，切成2~3厘米长，加清水煮熟，再加适量米酒。母兔从分娩第二天起，给每只哺乳母兔每次饲料中添加2~3毫升原液，每天1~2次，连续饲喂3~5天，可有效增加母兔泌乳量。

（6）青蒿 青蒿1千克，切碎，清水浸泡24小时，置蒸馏锅中蒸馏取液1升，再将蒸馏液重蒸取液250毫升，按1%的比例拌料喂服，连服5天，可治疗兔球虫病。

（7）松针粉　松科植物油松或马尾松等的干燥叶粉，每天给家兔添加20~50克，可使肉兔体重增加12%，毛兔产毛量提高16.5%，产仔率提高10.9%，仔兔成活率提高7%，獭兔毛皮品质也会提高。

（8）艾叶粉　在基础饲料中用1.5%艾叶粉代替等量小麦麸喂兔，日增重提高18%。

（9）党参　据美国学者报道，党参根的提取物可促进兔的生长，使体重增加23%。

（10）沙棘果渣　沙棘果经榨汁后的残渣可作为兔的饲料添加剂喂兔。据报道，饲料中添加10%~60%沙棘果渣喂兔，可提高母兔的繁殖力、仔兔成活率和生长速度等。

2. 复方中药添加剂

（1）催长剂　山楂、神曲、厚朴、肉苁蓉、槟榔、苍术各100克，麦芽200克，淫羊藿80克，川军60克，陈皮、甘草各30克，蚯蚓、蔗糖各1000克，每隔3天每只兔添加0.6克，新西兰白兔、加利福尼亚兔、青紫兰兔增重率分别提高30.7%、12.3%、36.2%。

（2）催肥散　麦芽50份，鸡内金20份，赤小豆20份，芒硝10份，共研细末，每只兔每天添加5克，添加2.5个月，比对照兔多增重500克。

（3）增重剂

方1：黄芪60%，五味子20%，甘草20%，每天每只兔添加5克，肉兔日增重提高31.41%。

方2：苍术、陈皮、白头翁、马齿苋各30克，黄芪、大青叶、车前草各20克，五味子、甘草各10克，研成细末，每天每只兔添加3克，增重率提高19%。

方3：山楂、麦芽各20克，鸡内金、陈皮、苍术、石膏、板蓝根各10克，大蒜、生姜各5克，以1%添加，日增重提高17.4%。

（4）催情散　党参、黄芪、白术各30克，肉苁蓉、阳起石、巴戟天、狗脊各40克，当归、淫羊藿、甘草各20克，粉碎后混合，每天每只兔添加4克，连喂1周，对于无发情表现的母兔，催情率达58%，受胎率显著提高；对性欲低下公兔，催情率达75%。

三、微生态饲料添加剂

微生态饲料添加剂又叫活菌制剂、生菌剂，是指一种可通过改善肠道菌群平衡而对动物施加有利影响的活微生物饲料添加剂。具有无残留、无副作用、不污染环境、不产生抗药性、成本低、使用方便等优点，是近年来出现的一类绿色饲料添加剂。

1. 微生态饲料添加剂的种类

1）根据其用途及作用机制分为微生物生长促进剂和微生物生态治疗剂（益生素）。

2）根据制剂的组成可分为单一菌剂和复合菌剂。

3）依据微生物的种类可分为芽孢杆菌类、乳酸菌类和酵母菌类。

2. 微生态饲料添加剂用于家兔的主要作用

1）维持家兔体内正常的微生态区平衡，抑制、排斥有害的病原微生物。

2）提高消化道的吸收功能。

3）参与淀粉酶、蛋白酶及B族维生素的生成。

4）促进过氧化氢的产生，并阻止肠道内细菌产生胺，减少腐败有毒物质的产生和防止腹泻。

5）有刺激肠道免疫系统细胞、提高局部免疫力及抗病力的作用。

3. 家兔使用微生态饲料添加剂的效果

据笔者试验，肉兔饲料中添加0.1%~0.2%益生素（山西省农科院生物工程室提供），兔的腹泻发病率降低。另据报道，肉兔饲料中添加0.2%益生素（益生素由2株蜡样芽孢杆菌和1株地衣芽孢杆菌组成，每克含活菌数1×10^9个），试验35天内，日增重较对照组提高11.9%，料肉比下降约10%。Assar Ali Shah等在饲料中添加乳酸菌可提高日增重、肌肉中蛋白质含量等。Simonovǝ等在断奶肉兔饮水中单独应用和联合应用肠球菌M（每只兔每天50微升）和鼠尾草提取物（每只兔每天10微升）对其生长无影响，可提高饲料转化率，改

善家兔的健康状况。

四、寡聚糖

寡聚糖又被称为寡糖或低聚糖，是由2~10个单糖通过糖苷链连接起来形成直链或支链的一类糖。具有整肠和提高免疫等保护功能。寡聚糖是动物肠道内有益的增殖因子，大部分能被有益菌发酵，从而抑制有害菌的生长，提高动物防病能力。

目前主要有低聚果糖、半乳聚糖、葡萄糖低聚糖、大豆低聚糖、低聚异麦芽糖等。

据任克良、李燕平等（2003）报道，家兔饲料中添加0.15%低聚果糖或0.15%异麦芽寡糖，对日增重、饲料报酬有良好的作用，可降低腹泻发病率和死亡率。Abd El-Aziz等在家兔日粮中分别添加0.3%甘露寡糖和0.05%低聚异麦芽糖对家兔的生产和提高经济效益具有积极的影响。李燕平、任克良等在断奶伊拉肉兔日粮中添加0.05%β-葡聚糖可提高肉兔平均日采食量和平均日增重，提高机体的免疫力和消化吸收代谢能力。

五、饲用酶制剂

酶是一种具有生物催化作用的大分子蛋白质，是一种生物催化剂。酶具有严格的专一性和特异性，动物体内的各种化学变化几乎都在酶的催化作用下进行。利用从生物中（包括动物、植物和微生物）提取出的具有酶特性的制品，称为酶制剂。酶制剂作为一种安全、无毒的新型饲料添加剂，正受到人们的关注，目前饲用酶制剂已达20多个品种。

1. 饲料中添加酶制剂的目的

添加酶制剂可以弥补幼兔消化酶的不足、提高饲料的利用率、减少兔体内矿物质的排泄量、减轻对环境的污染和增强幼兔对营养物质的吸收。

2. 常用的饲用酶制剂

（1）单一酶制剂 目前来看，最具有应用价值的单一酶制剂大致有5类：

1）蛋白酶：是分解蛋白质或肽键的类酶，有酸性、中性、碱性3种。

2）淀粉酶：主要有淀粉酶和糖化酶。

3）脂肪酶：是水解脂肪分子中甘油酯键的一类酶。

4）植酸酶：可将植酸（盐）水解为正磷酸和肌醇衍生物，其中磷被家兔利用。

5）非淀粉多糖酶：对家兔来说，添加此类酶是有效的，分为纤维酶、半纤维素酶（包括木聚糖酶、甘露聚糖酶、阿拉伯聚糖酶和聚半乳糖酶等）、果胶酶、葡萄糖酶等。

（2）复合酶制剂 复合酶制剂是由一种或几种单一酶制剂为主体，加上其他单一酶制剂混合而成，或由一种或几种微生物发酵获得，复合酶制剂可同时降解饲料中的多种需要降解的底物（多种抗营养因子和多种养分），可最大限度地提高饲料的营养价值。目前国内外饲用酶制剂产品多为复合酶制剂。

3. 酶制剂在家兔中的使用效果

生长獭兔饲料中添加0.75%~1.5%的纤维素酶（酶活性40000国际单位/克），日增重提高显著；饲料中添加0.75%纤维素酶和1.5%酸性蛋白酶（酶活性为4000国际单位/克），日增重提高22.82%，效果极显著。El-Aziz等给新西兰白兔和獭兔饲喂丁酸钠和复合酶制剂的混合物（500克/吨）结果表明：日增重和饲料利用率得到了显著提高。

使用酶制剂时要注意：①根据产品说明、酶活性，确定适宜添加量。②若加工颗粒饲料，则要选择耐热稳定性好的产品。也可采取后喷涂技术。

六、植物精油

植物精油是萃取植物特有的芳香物质，取自于草本植物的花、叶、根、树皮、果实、种子、树脂等，以蒸馏、压榨方式提炼出来的。植物精油是由一百多种以上的成分所构成，有些更是由高达数百种甚至上千种成分构成的，一般而言植物精油含有醇类、醛类、

酸类、酚类、丙酮类、萜烯类。

植物精油因来源广泛、绿色、安全，能抗应激反应、抗氧化、促进胃肠道健康，可以作为免疫和生理反应的调节剂等优点，成为替代抗生素的重要替代品。黄崇波等在伊拉肉兔日粮中添加 10 毫克/千克百里香酚替代 50~100 毫克/千克恩拉霉素可提高肉兔生长性能，改善小肠黏膜形态结构，促进肉兔肠道发育，增强机体免疫力。Kristina 等也在家兔日粮中添加 250 毫克/千克的百里香酚，显著增加了血液中的碱性磷酸酶、谷胱甘肽过氧化物酶、乳酸脱氢酶，以及肌肉中的单不饱和脂肪酸、α-亚麻酸含量，降低了肌肉中亚油酸和甘油三脂，从而证明了百里香酚可从肠道被有效吸收，并在血液和肌肉中表现出生物活性。Abdel-Wareth 等在加利福尼亚公兔日粮中添加不同水平的百里香精油（60 毫克/千克、120 毫克/千克、180 毫克/千克）表明：180 毫克/千克的百里香精油可以作为饲料中抗生素的替代品，在改善加利福尼亚公兔的生产性能、精液质量、睾丸激素水平及肾脏和肝脏功能方面发挥重要作用。

第三章
家兔的饲养标准与饲料配方设计

第一节　家兔的饲养标准

家兔饲养标准也叫营养需要量。通过长期试验研究，给不同品种、不同生理状态下、不同生产目的和生产水平的家兔，科学地规定出每只应当喂给的能量及各种营养物质的数量和比例，这种按家兔的不同情况规定的营养指标，就称为饲养标准。目前，家兔的饲养标准内容包括：能量、蛋白质、氨基酸、纤维、矿物质、维生素等指标的需要量，并且通常以每千克饲料的含量和百分比表示。

家兔按照经济用途可分为肉兔、獭兔（皮用兔）、毛用兔、宠物兔等，其饲养标准差异较大，下面分别进行介绍。

一、肉兔饲养标准

目前推荐的肉兔饲养标准较多，现介绍较新的几个饲养标准。

1. Lebas F. 推荐的家兔饲养标准

在 2008 年第九届世界家兔科学大会上 Lebas F. 先生在总结近年来世界各国养兔学者的研究成果的基础上推荐出家兔最新饲养标准（表 3-1）。其推荐量分为两类。第一类主要指影响饲料效能的营养组分：消化能、粗蛋白质和可消化蛋白质、氨基酸、矿物质和脂溶性维生素。第二类则指主要影响营养安全和消化健康的，如各种纤维（木质素、纤维素和半纤维素）及其平衡性、淀粉和水溶性维生素等。

表 3-1 家兔饲养标准（Lebas F.）

生产阶段或类型		生长兔		繁殖母兔①		单一饲料②
		18~42 天	43~75 天或 80 天	集约化生产	半集约化生产	
第一组：对最高生产性能的推荐量						
消化能	千卡/千克	2400	2600	2700	2600	2400
	兆焦/千克	9.5	10.5	11.0	10.5	9.5
粗蛋白质		15.0~16.0	16.0~17.0	18.0~19.0	17.0~17.5	16.0
可消化蛋白质（%）		11.0~12.0	12.0~13.0	13.0~14.0	12.0~13.0	11.0~12.5
可消化蛋白质/可消化能	克/1000 千卡	45	48	53~54	51~53	48
	克/兆焦	10.7	11.5	12.7~13.0	12.0~12.7	11.5~12.0
脂肪（%）		20~25	25~40	40~50	30~40	20~30
氨基酸	赖氨酸（%）	0.75	0.80	0.85	0.82	0.80
	含硫氨基酸（蛋氨酸+胱氨酸）（%）	0.55	0.60	0.62	0.60	0.60
	苏氨酸（%）	0.56	0.58	0.70	0.70	0.60
	色氨酸（%）	0.12	0.14	0.15	0.15	0.14
	精氨酸（%）	0.80	0.90	0.80	0.80	0.80
矿物质	钙（%）	0.70	0.80	0.12	0.12	0.11
	磷（%）	0.40	0.45	0.60	0.60	0.50
	钠（%）	0.22	0.22	0.25	0.25	0.22
	钾（%）	<1.5	<2.0	<1.8	<1.8	<1.8
	氯（%）	0.28	0.28	0.35	0.35	0.30
	镁（%）	0.30	0.30	0.40	0.30	0.30
	硫（%）	0.25	0.25	0.25	0.25	0.25
	铁/(毫克/千克)	50	50	100	100	80
	铜/(毫克/千克)	6	6	10	10	10
	锌/(毫克/千克)	25	25	50	50	40
	锰/(毫克/千克)	8	8	12	12	10

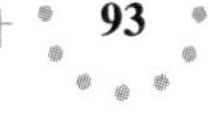

（续）

生产阶段或类型		生长兔		繁殖母兔①		单一饲料②
		18~42天	43~75天或80天	集约化生产	半集约化生产	
脂溶性维生素	维生素A/(国际单位/千克)	6000	6000	10000	10000	10000
	维生素D/(国际单位/千克)	1000	1000	1000（<1500）	1000（<1500）	1000（<1500）
	维生素E/(毫克/千克)	≥30	≥30	≥50	≥50	≥50
	维生素K/(毫克/千克)	1	1	2	2	2
第二组：保持家兔最佳健康水平的推荐量						
酸性洗涤纤维（ADF）（%）		≥19.0	≥17.0	≥13.5	≥15.0	≥16.0
酸性洗涤木质素（ADL）（%）		≥5.50	≥5.00	≥3.00	≥3.00	≥5.00
纤维素（ADF-ADL）（%）		≥13.0	≥11.0	≥9.00	≥9.00	≥11.0
木质素/纤维素		≥0.40	≥0.40	≥0.35	≥0.40	≥0.40
中性洗涤纤维（NDF）（%）		≥32.0	≥31.0	≥30.0	≥31.5	≥31.0
半纤维素（NDF-ADF）		≥12.0	≥10.0	≥8.5	≥9.0	≥10.0
（半纤维素+果胶）/木质纤维素		≤1.3	≤1.3	≤1.3	≤1.3	≤1.3
淀粉（%）		≤14.0	≤20.0	≤20.0	≤20.0	≤16.0
水溶性维生素	维生素C/(毫克/千克)	250	250	200	200	200
	维生素B_1/(毫克/千克)	2	2	2	2	2
	维生素B_2/(毫克/千克)	6	6	6	6	6
	烟酸/(毫克/千克)	50	50	40	40	40
	泛酸/(毫克/千克)	20	20	20	20	20
	维生素B_6/(毫克/千克)	2	2	2	2	2
	叶酸/(毫克/千克)	5	5	5	5	5
	维生素B_{12}/(毫克/千克)	0.01	0.01	0.01	0.01	0.01
	胆碱/(毫克/千克)	200	200	100	100	100

① 对于繁殖母兔，半集约化生产表示平均每年生产断奶仔兔40~50只；集约化生产则代表更高的生产水平，即每年每只母兔生产断奶仔兔大于50只。

② 单一饲料推荐量表示可应用于所有兔场中兔的日粮。它的配制考虑了不同种类兔的需要量。

该家兔营养推荐量分为两组：第一组是以最佳饲料效率为目标的推荐量，第二组则是在家兔面临消化问题时必须认真考虑和遵守的推荐量。

该标准主要针对肉兔，生产中皮用兔也可参考使用。

2. 中华人民共和国农业行业标准——肉兔饲养标准

该标准由山东农业大学、四川畜牧科学研究院、四川草原科学研究院等单位起草，起草人为李福昌、谢晓红、刘磊、郭志强、刘汉中等，该标准于2022年6月1日起实施，见表3-2。

表3-2　肉兔饲养标准（以88%干物质为基础，自由采食）

指标	生长肉兔		种公兔	空怀母兔	妊娠母兔	泌乳母兔
	断奶至8周龄	9周龄至出栏				
消化能/(兆焦/千克) (千卡/千克)	10.2 (2438)	10.5 (2510)	10.4 (2486)	10.0 (2390)	10.5 (2510)	10.8 (2581)
粗蛋白质（%）	15.5	15.0	15.5	15.5	16.0	17.5
粗脂肪（%）	2.0	3.0	2.5	2.5	2.5	3.0
淀粉（%）	≤14	≤18	≤16	≤16	≤20	≤20
粗纤维（%）	15.0	14.0	13.0	13.0	12.0	12.0
中性洗涤纤维（%）	32.0	30.0	30.0	30.0	27.0	27.0
酸性洗涤纤维（%）	19.0	16.0	19.0	19.0	16.0	16.0
酸性洗涤木质素（%）	4.5	4.5	5.5	5.5	5.0	5.5
赖氨酸（%）	0.85	0.75	0.70	0.70	0.80	0.85
蛋氨酸+胱氨酸（%）	0.60	0.55	0.55	0.55	0.60	0.65
精氨酸（%）			0.80	0.80	0.90	0.90
苏氨酸（%）	0.85	0.75	0.60	0.60	0.65	0.65
钙（%）	0.60	0.70	0.60	0.60	1.00	1.10
总磷（%）	0.40	0.45	0.40	0.40	0.60	0.60
钠（%）	0.22	0.22	0.22	0.22	0.22	0.22
氯（%）	0.25	0.25	0.25	0.25	0.25	0.25

（续）

指标	生长肉兔		种公兔	空怀母兔	妊娠母兔	泌乳母兔
	断奶至8周龄	9周龄至出栏				
钾（%）	0.80	0.80	0.80	0.80	0.80	0.80
镁（%）	0.03	0.03	0.04	0.04	0.04	0.04
铜/(毫克/千克)	5.0	5.0	10.0	10.0	10.0	10.0
锌/(毫克/千克)	50.0	50.0	60.0	60.0	70.0	70.0
铁/(毫克/千克)	50.0	50.0	70.0	70.0	100.0	100.0
锰/(毫克/千克)	8.0	8.0	10.0	10.0	10.0	10.0
硒/(毫克/千克)	0.1	0.1	0.1	0.1	0.2	0.2
碘/(毫克/千克)	0.5	0.5	1.0	1.0	1.1	1.1
钴/(毫克/千克)	0.25	0.25	0.25	0.25	0.25	0.25
维生素A/(国际单位/千克)	6000	8000	12000	8000	12000	12000
维生素D/(国际单位/千克)	1000	1000	1000	1000	1000	1000
维生素E/(毫克/千克)	50.0	50.0	70.0	70.0	50.0	80.0
维生素K/(毫克/千克)	1.0	1.0	2.0	2.0	2.0	2.0
维生素 B_1/(毫克/千克)	1.0	1.0	1.0	1.0	1.2	1.2
维生素 B_2/(毫克/千克)	3.0	3.0	3.0	3.0	5.0	5.0
维生素 B_6/(毫克/千克)	1.2	1.2	1.0	1.0	1.5	1.5
维生素 B_{12}/(微克/千克)	10.0	10.0	10.0	10.0	12.0	12.0
烟酸/(毫克/千克)	30.0	30.0	30.0	30.0	50.0	50.0
叶酸/(毫克/千克)	0.2	0.2	0.5	0.5	1.5	1.5
泛酸/(毫克/千克)	10.0	10.0	8.0	8.0	12.0	12.0
生物素/(毫克/千克)	0.08	0.08	0.08	0.08	0.08	0.08
胆碱/(毫克/千克)	100.0	100.0	100.0	100.0	150.0	150.0

注：除标注外，所有数值均为最低需要量。

3. Carlos de Blas，Julian Wiseman 等推荐的饲养标准

Carlos de Blas，Julian Wiseman 编写出版的《家兔营养（第 2 版）》中推荐的家兔饲养标准见表 3-3、表 3-4。

表 3-3 集约化养殖家兔的饲养标准（干物质含量为 90%）

营养物质	单位	繁殖母兔	育肥兔	配合饲料
消化能	兆焦	10.7	10.2	10.2
代谢能	兆焦	10.2	9.8	9.8
中性洗涤纤维①	克	320（310~335）②	340（330~350）	335（320~340）
酸性洗涤纤维	克	175（165~185）	190（180~200）	180（160~180）
粗纤维	克	145（140~150）	155（150~160）	150（145~155）
酸性洗涤木质素	克	*55*③	50	55
可溶性中性洗涤纤维	克	随意	115	80
淀粉	克	170（160~180）	150（140~160）	160（150~170）
醚浸提物	克	45	随意	随意
粗蛋白质	克	175（165~185）	150（142~160）	159（154~162）
消化蛋白质④	克	128（115~140）	104（100~110）	111（108~113）
赖氨酸⑤（总的）	克	8.1	7.3	7.8
赖氨酸（可消化的）	克	6.4	5.7	6.1
含硫氨基酸⑥（总的）	克	6.3	5.2	5.9
含硫氨基酸（可消化的）	克	4.8	4.0	4.5
苏氨酸（总的）	克	6.7	6.2	6.5
苏氨酸（可消化的）	克	4.6	4.3	4.5
钙	克	10.5	6.0	10.0
磷	克	6.0	4.0	5.7
钠	克	2.3	2.2	2.2
氯化物	克	2.9	2.8	2.8

① 长纤维颗粒（0.3 毫米以上）的比例：繁殖母兔要超过 22%，育肥兔要超过 20.5%。
② 圆括号内的值为最低限度和最高限度推荐值的范围。后同。
③ 斜体字是暂定的估计值。
④ 粗蛋白质和必需氨基酸的消化率为粪表观消化率。
⑤ 合成氨基酸在计算的总氨基酸需要量中占 15%。
⑥ 蛋氨酸在含硫氨基酸总需要量中最少占 35%。

表 3-4 集约化养殖家兔的微量元素和维生素需要量（干物质含量为 90%）

营养物质	单位	繁殖母兔	育肥兔	配合饲料
钴	毫克	0.3	0.3	0.3
铜	毫克	10	6	10
铁	毫克	50	30	45
碘	毫克	1.1	0.4	1.0
锰	毫克	15	8	12
硒	毫克	0.05	0.05	0.05
锌	毫克	60	35	60
维生素 A	国际单位	10000	6000	10000
维生素 D	国际单位	900	900	900
维生素 E	国际单位	50	15	40
维生素 K_3	毫克	2	1	2
维生素 B_1	毫克	1.0	0.8	1.0
维生素 B_2	毫克	5	3	5
维生素 B_6	毫克	1.5	0.5	1.5
维生素 B_{12}	微克	12	9	12
维生素 H	微克	100	10	100
叶酸	毫克	1.5	0.1	1.5
烟酸	毫克	35	35	35
泛酸	毫克	15	8	15
胆碱	毫克	200	100	200

4. 南京农业大学等单位推荐的家兔饲养标准

该饲养标准见表 3-5。

表 3-5　家兔饲养标准（每千克风干饲料含量）

营养成分	生长兔		妊娠兔	哺乳兔	成年产毛兔	生长育肥兔
	3~12 周龄	12 周龄后				
消化能/(兆焦/千克)	12.12	10.45~11.29	10.45	10.87~11.29	10.03~10.87	12.12
蛋白质（%）	18	16	15	18	14~16	16~18
粗纤维（%）	8~10	10~14	10~14	10~12	10~14	8~10
粗脂肪（%）	2~3	2~3	2~3	2~3	2~3	2~5
钙（%）	0.9~1.1	0.5~0.7	0.5~0.7	0.8~1.1	0.5~0.7	1.0
磷（%）	0.5~0.7	0.3~0.5	0.3~0.5	0.5~0.8	0.3~0.5	0.5
铜/(毫克/千克)	15	15	10	10	10	20
铁/(毫克/千克)	100	50	50	100	50	100
锰/(毫克/千克)	15	10	10	10	10	15
锌/(毫克/千克)	70	40	40	40	40	40
镁/(毫克/千克)	300~400	300~400	300~400	300~400	300~400	300~400
碘/(毫克/千克)	0.2	0.2	0.2	0.2	0.2	0.2
赖氨酸（%）	0.9~1.0	0.7~0.9	0.7~0.9	0.8~1.0	0.5~0.7	1.0
胱氨酸+蛋氨酸（%）	0.7	0.6~0.7	0.6~0.7	0.6~0.7	0.6~0.7	0.4~0.6
精氨酸（%）	0.8~0.9	0.6~0.8	0.6~0.8	0.6~0.8	0.6	0.6
食盐（%）	0.5	0.5	0.5	0.5~0.7	0.5	0.5
维生素 A/(国际单位/千克)	6000~10000	6000~10000	6000~10000	8000~10000	6000	8000
维生素 D/(国际单位/千克)	1000	1000	1000	1000	1000	1000

二、獭兔饲养标准

由河北农业大学、山东农业大学、沈阳农业大学、山西省农业科学院、内蒙古东达生物科技有限公司等单位起草，陈宝江、谷子林、李福昌、郭东新、任克良、刘亚娟、陈赛娟、吴峰洋等起草人共同制定的团体标准——獭兔饲养标准（表 3-6、表 3-7）于 2019 年 1 月 21 日起由中国畜牧业协会发布实施。

表 3-6　5~13 周龄和 14 周龄至出栏饲养标准

项目	5~13 周龄	14 周龄至出栏
消化能/(兆焦/千克)	9.00~10.00	10.00~10.46
粗脂肪（%）	3.0	3.0
粗纤维（%）	14.0~16.0	13.0~15.0
粗蛋白质（%）	15.0~16.0	15.0~16.0
赖氨酸（%）	0.75	0.75
含硫氨基酸（%）	0.60	0.65
苏氨酸（%）	0.62	0.62
中性洗涤纤维（%）	≥32	≥31
酸性洗涤纤维（%）	≥19.0	≥17.0
酸性洗涤木质素（%）	≥5.5	≥5.0
淀粉（%）	14.0	20.0
钙（%）	0.80	0.80
磷（%）	0.45	0.45
食盐（%）	0.3~0.5	0.3~0.5
铁/(毫克/千克)	70.0	50.0
铜/(毫克/千克)	20.0	10.0
锌/(毫克/千克)	70.0	70.0
锰/(毫克/千克)	10.0	4.0
钴/(毫克/千克)	0.15	0.10
碘/(毫克/千克)	0.20	0.20

（续）

项目	5~13 周龄	14 周龄至出栏
硒/(毫克/千克)	0.25	0.20
维生素 A/(国际单位/千克)	8000	8000
维生素 D/(国际单位/千克)	900	900
维生素 E/(国际单位/千克)	30.0	30.0
维生素 K/(毫克/千克)	2.0	2.0
维生素 B_1/(毫克/千克)	2.0	0
维生素 B_2/(毫克/千克)	6.0	0
泛酸/(毫克/千克)	50.0	20.0
维生素 B_6/(毫克/千克)	2.0	2.0
维生素 B_{12}/(毫克/千克)	0.02	0.01
烟酸/(毫克/千克)	50.0	50.0
胆碱/(毫克/千克)	1000	1000
生物素/(毫克/千克)	0.2	0.2

表 3-7　种公兔、空怀母兔、妊娠母兔、泌乳母兔饲养标准

项目	泌乳母兔	妊娠母兔	空怀母兔	种公兔
消化能/(兆焦/千克)	10.46~11.00	9.00~10.46	9.00	10.00
粗脂肪（%）	3.0~5.0	3.0	3.0	3.0
粗纤维（%）	12.0~14.0	14.0~16.0	15.0~18.0	14.0~16.0
粗蛋白质（%）	17.0~18.0	15.0~16.0	13.0~14.0	15.0~16.0
赖氨酸（%）	0.90	0.75	0.60	0.70
含硫氨基酸（%）	0.75	0.60	0.50	0.60
苏氨酸（%）	0.67	0.65	0.62	0.64

（续）

项目	泌乳母兔	妊娠母兔	空怀母兔	种公兔
中性洗涤纤维（%）	≥30.0	≥31.5	≥32.0	≥31.0
酸性洗涤纤维（%）	≥13.5	≥15.0	≥19.0	≥17.0
酸性洗涤木质素（%）	≥3.0	≥3.0	≥5.5	≥5.0
淀粉（%）	20.0	20.0	20.0	20.0
钙（%）	1.10	0.80	0.60	0.80
磷（%）	0.65	0.55	0.40	0.45
食盐（%）	0.3~0.5	0.3~0.5	0.3~0.5	0.3~0.5
铁/(毫克/千克)	100.0	50.0	50.0	50.0
铜/(毫克/千克)	20.0	10.0	5.0	10.0
锌/(毫克/千克)	70.0	70.0	25.0	70.0
锰/(毫克/千克)	10.0	4.0	2.5	4.0
钴/(毫克/千克)	0.15	0.10	0.10	0.10
碘/(毫克/千克)	0.20	0.20	0.10	0.20
硒/(毫克/千克)	0.20	0.20	0.10	0.20
维生素 A/(国际单位/千克)	12000	12000	5000	10000
维生素 D/(国际单位/千克)	900	900	900	900
维生素 E/(国际单位/千克)	50.0	50.0	25.0	50.0
维生素 K/(毫克/千克)	2.0	2.0	0	2.0
维生素 B_1/(毫克/千克)	2.0	0	0	0
维生素 B_2/(毫克/千克)	6.0	0	0	0
泛酸/(毫克/千克)	50.0	20.0	0	20.0
维生素 B_6/(毫克/千克)	2.0	0	0	0

（续）

项目	泌乳母兔	妊娠母兔	空怀母兔	种公兔
维生素 B_{12}/(毫克/千克)	0.02	0.01	0	0.01
烟酸/(毫克/千克)	50.0	50.0	0	50.0
胆碱/(毫克/千克)	1000	1000	0	1000
生物素/(毫克/千克)	0.2	0.2	0	0.2

三、毛用兔饲养标准

兰州畜牧研究所推荐的毛用兔饲养标准见表3-8、表3-9。

表3-8　毛用兔饲养标准

项目	幼兔（断奶至3月龄）	青年兔	妊娠母兔	泌乳母兔	产毛兔	种公兔
消化能/(兆焦/千克)	10.45	10.03~10.45	10.03	10.87	9.82	10.03
粗蛋白质（%）	16	15~16	16	18	15	17
可消化粗蛋白质（%）	12.0	10.0~11.0	11.5	13.5	10.5	13.0
粗纤维（%）	14	16~17	15	13	17	16~17
蛋能比（克/兆焦）	11.48	10.77	11.48	12.44	11.00	12.68
钙（%）	1.0	1.0	1.0	1.2	1.0	1.0
磷（%）	0.5	0.5	0.5	0.8	0.5	0.5
铜/(毫克/千克)	20~200	20	10	10	30	10
锌（%）	50	50	70	70	50	70
锰（%）	30	30	50	50	30	50
含硫氨基酸（%）	0.6	0.6	0.8	0.8	0.8	0.6
赖氨酸（%）	0.70	0.65	0.70	0.90	0.50	0.60
精氨酸（%）	0.6	0.6	0.7	0.9	0.6	0.6
维生素A/(国际单位/千克)	8000	8000	8000	10000	6000	12000
胡萝卜素/(毫克/千克)	0.83	0.83	0.83	1.00	0.60	1.20

表 3-9 毛用兔每天营养需要量

类别	体重/千克	日增重/克	采食量/克	消化能/千焦	粗蛋白质/克	可消化粗蛋白质/克
断奶至 3 月龄	0.5	20	60~80	493.24	10.1	7.8
		25		581.20	11.7	9.1
		30		668.80	12.3	10.4
	1.0	20	70~100	739.86	12.4	9.3
		25		827.64	14.0	10.3
		30		915.42	15.6	11.8
	1.5	20	95~110	990.66	14.7	10.7
		25		1078.44	16.3	12.0
		30		1166.22	17.9	12.3
青年兔	2.5	10	115	1546.60	23.0	16.0
		15		1613.48	24.0	17.0
	3.0	10	160	1588.40	25.0	17.0
				1655.28	26.0	18.0
	3.5	15	165	1630.20	27.0	18.0
				1697.06	28.0	19.0
妊娠母兔（平均每窝产仔 6 只，每天产毛 2 克）	3.5~4.0	母兔不少于 2	不低于 165	1672.0	27.0	19.0
泌乳母兔（每窝哺乳 5~6 只，每天产毛 2 克）	3.5	3	不低于 210	2215.40	36.0	27.0
	4.0			2319.90		
产毛兔（每天产毛 2~3 克）	3.5~4.0	3	150	1463.00	23.0	16.0
种公兔配种期（每天产毛 2 克）	3.5	3	150	1463.00	26.0	19.0

四、宠物兔饲养标准

宠物兔饲养标准见表 3-10。

表 3-10 宠物兔饲养标准

成分和养分	范围	养分	典型范围
蛋白质（%）	12~16	维生素 A/(国际单位/千克)[4]	5000~12000
粗纤维[1]（%）	14~20	维生素 D/(国际单位/千克)	800~1200
酸性洗涤纤维（%）	17~n/a	维生素 E/(毫克/千克)	40~70
淀粉[2]（%）	0~14	维生素 B_1/(毫克/千克)	1~10
脂肪（%）	2~5	维生素 B_2/(毫克/千克)	3~10
消化能/(兆焦/千克)	9.0~10.5	维生素 B_6/(毫克/千克)	2~15
赖氨酸（%）	0.5	维生素 B_{12}/(毫克/千克)	0.01~0.02
蛋氨酸+胱氨酸（%）	0.5	叶酸/(毫克/千克)	0.2~1.0
钙[3]（%）	0.5~1.0	泛酸/(毫克/千克)	3~12
磷[3]（%）	0.5~0.8	烟酸/(毫克/千克)	30~60
镁（%）	0.3	生物素/(毫克/千克)	0.05~0.20
锌（%）	0.5~1.0	胆碱/(毫克/千克)	300~500
钾（%）	0.6~0.7	铜/(毫克/千克)	5~10
食盐（%）	0.5~1.0		

注：n/a 为无实用资料。

① 对于最低纤维含量更为恰当的估值是：幼兔的中性洗涤纤维为 31%，酸性洗涤纤维为 19%；成年兔酸性洗涤纤维为 17%。

② 淀粉的最大用量只适用于非常年幼的家兔饲料。年轻的成年宠物兔可考虑采用成熟成年宠物兔的最大约束值，即 14%~20%。

③ 钙含量考虑到用于繁殖的宠物兔，钙含量约为 0.6%、磷含量约为 0.4%就能满足成年兔的维持需要。

④ 考虑到加工过程中的损失，某些维生素的含量高可能是必需的。

五、使用家兔饲养标准应注意的事项

1. 因地制宜，灵活应用

家兔饲养标准的建议值一般是特定种类的家兔，在特定年龄、特定体重及特定生产状态下的营养需要量。它所反映的是在正常饲养管理条件下整个群体的营养水平。当条件改变，如温度、湿度偏高或过低，卫生条件差等，就得在建议值的基础上适当变动。此外，饲养标准中的微量元素及维生素规定采用最低需要量，以不出现缺乏症为依据，若兔群是在高度集约化条件下进行生产，则应予以适当增加。

2. 标准与实际相结合

应用饲养标准时，必须与实际饲养效果相结合，并根据使用效果进行适当调整，以求饲养标准更接近于准确。

3. 饲养标准不断完善

饲养标准本身不是一个永恒不变的指标，它是随着科学研究的深入和生产水平的提高，不断地进行修订、充实和完善的。因此，及时了解家兔营养研究最新进展，把新的成果和数据用于配方设计中，饲养效果更加明显。

4. 标准与效益的统一性

应用标准规定的营养定额，不能只强调满足家兔对营养物质的客观要求，而不去考虑饲料生产成本。必须贯彻营养、效益相统一的原则。

第二节　预混料配方设计

预混料，也叫添加剂预混合饲料，是一种或多种添加剂与载体或稀释剂按一定比例配制的均匀混合物。按照活性成分组成可分为微量元素预混料、维生素预混料和复合预混料等。

一、预混料的配方设计原则

1. 灵活掌握饲养标准

不同品种、不同阶段的家兔对养分的需要量不同，同时不同地区、不同饲养条件，家兔对微量营养成分的需要也会有所变化，饲养标准中的营养需要是在试验条件下满足家兔正常生长发育的最低需要量，而实际生产条件远远超过试验控制条件，因此，在确定预混料配方中各种原料用量时要加一个适宜的量，即保险系数或称安全系数，以保证满足家兔在生产条件下对营养物质正常的需要。

2. 正确使用添加剂原料

要清楚掌握添加剂原料的品质，这对保证制成的预混料质量至关重要。

3. 注意添加剂间的配伍性

预混料是一种或多种物质与载体或稀释剂按照一定比例配制而成的，因此在设计时必须清楚了解和注意它们之间的可配伍性和配伍禁忌，例如，铜对铁的吸收有促进作用，硫对铜的吸收则有拮抗作用。

4. 经济性原则

在进行配方设计时，不仅要考虑养分的充足供应，还应在满足需要的前提下，尽量节省成本，以便获得更大的效益。

二、预混料配方设计方法

预混料的使用量一般相对固定，其设计过程比全价料简单，一般方法和步骤如下：

1）根据饲养标准和饲料添加剂使用指南确定各种饲料添加剂原料的用量。饲养标准是确定家兔营养需要的基本依据。目前普遍把饲养标准中规定的微量元素需要量作为添加量，将基础饲料含量作为保证量，这样既简化了计算，也符合安全性原则，还可参考确实可靠的研究和使用成果进行修正、确定微量元素添加的种类和数量。

氨基酸的添加量需按下式计算：

某种氨基酸添加量=某种氨基酸需要量-非氨基酸添加物和其他饲料提供的某种氨基酸量

2）原料选择。根据原料的生物效价、价格和加工工艺的要求等

进行综合分析后选择微量元素原料。主要查明微量元素含量，同时查明杂质及其他元素含量，以备应用。

3）根据原料中微量元素、维生素及有效成分含量或效价、预混料中的需要量等计算在预混料中所需商品原料量。其计算方法：

纯原料量=某元素需要量÷纯品中元素含量

商品原料量=纯原料量÷商品原料有效含量（纯度）

4）确定载体用量。根据预混料在配合饲料中的比例，计算载体用量。计算式为：

载体用量=预混料量-商品添加剂原料量

5）列出预混料的生产配方。

6）生产加工。对原料进行烘干、粉碎、称量、搅拌，然后装袋备用。

三、微量元素预混料配方设计

家兔所需的微量元素主要有铁、铜、锰、锌、碘等。设计配方时要注意，饲养标准中所规定的微量元素添加量都是指纯元素的，而在生产中只能向饲料中添加各种微量元素的化合物，同一元素的不同化合物的纯元素含量纯度不同，所以在配合微量元素预混料时，需要把纯元素的添加量折算为化合物的添加量。微量元素的用量一般占全价饲料的0.1%~0.5%。

例如，为集约化生产的肉用哺乳母兔设计一个0.2%比例的微量元素预混料配方。

1）根据饲养标准确定各种微量元素需要量。

查家兔饲养标准，得到哺乳母兔的微量元素需要量，见表3-11。

表3-11　哺乳母兔的微量元素需要量

微量元素	铁	铜	锰	锌
需要量/(毫克/千克)	100	10	12	50

2）微量元素原料的选择。表3-12列出了常用微量元素盐商品原料的规格。

表 3-12 常用微量元素盐商品原料的规格

商品原料	分子式	纯品种元素含量（%）	商品原料纯度（%）
硫酸亚铁	$FeSO_4 \cdot 7H_2O$	20.1	98.5
硫酸铜	$CuSO_4 \cdot 5H_2O$	25.5	96.0
硫酸锰	$MnSO_4 \cdot H_2O$	32.5	98.0
硫酸锌	$ZnSO_4 \cdot 7H_2O$	22.7	99.0

3）计算商品原料量。将需要添加的各微量元素折合为每千克风干全价配合饲料中的商品原料量，即：

商品原料量=某微量元素需要量÷纯品种该元素含量÷商品原料纯度

按此计算方法，得出以上 4 种商品原料在每千克全价配合饲料中的添加量，见表 3-13。

表 3-13 每千克全价配合饲料中微量元素盐商品原料用量

商品原料	计算式	商品原料用量/(毫克/千克)
硫酸亚铁	100÷20.1%÷98.5%	505.1
硫酸铜	10÷25.5%÷96%	40.8
硫酸锰	12÷32.5%÷98%	37.7
硫酸锌	50÷22.7%÷99%	222.5

4）计算载体用量。若预混料在全价配合饲料中占 0.2%（即每吨全价配合饲料有预混量 2 千克）时，则预混料中载体用量等于预混量与微量元素盐商品原料量之差。即：

2 千克-0.8061 千克=1.1939 千克

所以每吨全价哺乳母兔配合饲料中载体用量为 1.1939 千克，微量元素载体选择石粉、沸石粉等载体。

5）列出哺乳母兔微量元素预混料配方（表 3-14）。

表 3-14 哺乳母兔微量元素预混料配方

商品原料	每吨配合饲料中用量/克	预混料配方（%）	每吨预混料中用量/千克
硫酸亚铁	505.1	25.3	253.0
硫酸铜	40.8	2.0	20.0
硫酸锰	37.7	1.9	19.0
硫酸锌	222.5	11.1	111.0
载体	1193.9	59.7	597.0
合计	2000	100.0	1000.0

6）生产加工。首先将含结晶水较多的原料分别烘干，然后粉碎（通过200目筛，即0.074毫米以下），根据预混料配方，称量各种微量元素添加量，进行搅拌。物料添加顺序为先加载体，随后加入所需要的微量元素添加剂，混合搅拌10~20分钟，然后分装保存，使用时按一定比例（0.2%）逐渐混到饲料中。

四、维生素预混料配方设计

维生素预混料的配方设计应根据家兔饲养标准进行。但是饲养标准是在试验条件下测得的维持兔群不发病或纠正维生素缺乏症所需要的最低需要量，为了获得较好的饲养效果，应在实际设计时适当增加维生素添加量，高出饲养标准的添加量称为安全系数。

1. 设计维生素添加剂时应考虑的因素

1）维生素的稳定性。维生素A、维生素D制剂较其他维生素易失去活性，且常用的饲料原料中不含维生素A、维生素D，因此维生素A、维生素D的添加量要比需要量高。

2）家兔常用饲料原料中维生素B_1、维生素B_6和生物素含量丰富，三者的添加量可以比需要量少一些，特别是生物素，饲料中一般含量丰富，且生物学价值较高，所以添加剂中甚至可以不加。

3）兔群发生球虫病时，应适当提高维生素K的添加量，有利于凝血。

4）氯化胆碱呈碱性，与其他维生素配合时，会影响到其他维生素效价，所以应单独添加。

5）其他维生素可按家兔需要量添加，饲料中含量可做安全量看待。

6）家兔盲肠发达，具有食粪特性，盲肠中合成的 B 族维生素通过食粪来满足家兔部分需求，所以 B 族维生素可适当少加，但对集约化程度较高的兔群，B 族维生素不能减少，甚至要多加。

7）添加青草或多汁饲料的兔群，可减少维生素的添加量。

2. 以生长育肥兔的维生素预混料配方为例，说明其设计方法

（1）需要量和添加量的确定 查饲养标准中各种维生素需要量，同时根据生产实际、工作经验等进行调整，一般在需要量基础上再加10%为实际添加剂量，具体见表 3-15。

表 3-15 生长育肥兔每千克饲料中维生素需要量和添加量

维生素种类	饲养标准规定用量（需要量）	加 10%保险系数后的实际用量（添加量）
维生素 A/(国际单位/千克)	6000	6600
维生素 D/(国际单位/千克)	1000	1100
维生素 E/(毫克/千克)	30	33
维生素 K/(毫克/千克)	1	1.1
维生素 C/(毫克/千克)	250	275
维生素 B_1/(毫克/千克)	2	2.2
维生素 B_2/(毫克/千克)	6	6.6
烟酸/(毫克/千克)	50	55
泛酸/(毫克/千克)	20	22
维生素 B_6/(毫克/千克)	2	2.2
叶酸/(毫克/千克)	5	5.5
维生素 B_{12}/(毫克/千克)	0.01	0.011

（2）根据维生素商品原料的有效成分含量计算原料用量 从市场上选择适宜的维生素原料并确定其有效含量，按照下列计算式折算：

商品维生素原料用量=某种维生素添加量÷原料中某维生素有效含量

计算结果见表 3-16。

表 3-16 生长育肥兔每千克饲料中维生素添加量及商品维生素原料用量

维生素	添加量	原料规格（每克中含量）	商品维生素原料用量/克
维生素 A	6600 国际单位	500000 国际单位	6600÷500000=0.0132
维生素 D	1100 国际单位	500000 国际单位	1100÷500000=0.0022
维生素 E	33 毫克	50%	33÷50%÷1000=0.066
维生素 K	1.1 毫克	47%	1.1÷47%÷1000=0.00234
维生素 C	275 毫克	96%	275÷96%÷1000=0.286458
维生素 B_1	2.2 毫克	98%	2.2÷98%÷1000=0.0022449
维生素 B_2	6.6 毫克	96%	6.6÷96%÷1000=0.006875
烟酸	55 毫克	95%	55÷95%÷1000=0.057895
泛酸	22 毫克	80%	22÷80%÷1000=0.0275
维生素 B_6	2.2 毫克	98%	2.2÷98%÷1000=0.0022449
叶酸	5.5 毫克	98%	5.5÷98%÷1000=0.005612
维生素 B_{12}	0.011 毫克	1%	0.011÷1%÷1000=0.0011

3. 计算载体用量并列出生产配方

载体用量根据设定的维生素预混料（多维）在全价料中的用量确定，在此设多维用量为 1000 克/吨，配方结果见表 3-17。

表 3-17 维生素预混料配方

维生素	每千克全价料中用量/克	每吨全价料中用量/克	预混料配比（%）	每吨维生素预混料中用量/千克
维生素 A	6600÷500000=0.0132	13.2	1.32	13.2
维生素 D	1100÷500000=0.0022	2.2	0.22	2.2
维生素 E	33÷50%÷1000=0.066	66	6.6	66
维生素 K	1.1÷47%÷1000=0.00234	2.34	0.234	2.34

（续）

维生素	每千克全价料中用量/克	每吨全价料中用量/克	预混料配比（%）	每吨维生素预混料中用量/千克
维生素 C	275÷96%÷1000＝0.286458	286.46	28.646	286.46
维生素 B_1	2.2÷98%÷1000＝0.0022449	2.25	0.225	2.25
维生素 B_2	6.6÷96%÷1000＝0.006875	6.88	0.688	6.88
烟酸	55÷95%÷1000＝0.057895	57.90	5.790	57.90
泛酸	22÷80%÷1000＝0.0275	27.5	2.75	27.5
维生素 B_6	2.2÷98%÷1000＝0.0022449	2.25	0.225	2.25
叶酸	5.5÷98%÷1000＝0.005612	5.61	0.561	5.61
维生素 B_{12}	0.011÷1%÷1000＝0.0011	1.1	0.11	1.1
小计		473.69		
抗氧化剂 BHT		2	0.2	2
载体		524.31	52.431	524.31
合计		1000.0	100.0	1000.0

五、复合预混料配方设计

复合预混料是指由微量元素、维生素、氨基酸和非营养添加剂中任何两种或两种以上的组分与载体或稀释剂按一定比例配制的均匀混合物，一般在配合饲料中的添加比例为10%以内，常见的有4%、5%。复合预混料设计步骤如下：

1）先确定预混料在饲料中的添加比例。

2）计算每吨配合饲料中各种微量元素的添加量。计算方法详见本章的“微量元素预混料配方设计”部分。

3）计算每吨配合饲料中各种维生素的添加量。计算方法详见本章的“维生素预混料配方设计”部分。

4）计算各种氨基酸、绿色添加剂的添加量。对氨基酸的添加量确定，主要依据饲养标准对氨基酸的需要量和推荐配方各种主要原料氨基酸含量之和的差值计算；替代抗生素的添加剂使用剂量按照产品说明添加。

5）添加必要的抗氧化剂、防霉剂、调味剂等，添加量按使用说明添加。

6）计算以上4项之和，计算与预混料设计添加量之差，即为载体和稀释剂的添加量。

第三节　浓缩饲料配方设计

浓缩饲料又称为蛋白质补充饲料，是由蛋白质饲料、矿物质饲料及添加剂预混料配制而成的配合饲料半成品，使用时再掺入一定比例的能量饲料（玉米、大麦、高粱等）、粗饲料（苜蓿粉、花生秧等）就成为满足家兔营养需要的全价饲料。

浓缩饲料具有蛋白质高、营养全面、使用方便，可充分利用当地饲料资源、降低运输成本等优点，浓缩饲料一般在全价配合饲料中所占的比例为20%~40%。

一、浓缩饲料配方设计原则

1. 满足或接近标准

即按设计比例加入能量饲料、粗饲料等之后，总的营养水平应达到或接近家兔的营养需要量，或主要指标达到营养标准的要求。

2. 满足不同阶段的需要

依据家兔不同类型、不同生理阶段，设计不同浓缩饲料。

3. 比例适宜

一般浓缩饲料在全价配合饲料中所占的比例为20%~40%为宜。而且为方便实用，最好使用整数，如20%、30%，而避免诸如25.6%之类的小数出现。

4. 质量保护

浓缩饲料的质量保护，除使用低水分的优质原料外，防霉剂、抗氧化剂的使用及良好的包装必不可少，水分应低于12.5%。

5. 注意外观

一些感官指标，包括粒度、气味、颜色、包装等，养殖者在选择

时应考虑周全。

二、浓缩饲料配方设计技术

家兔浓缩饲料的设计方法有两种：一种是首先根据家兔的饲养标准及饲料来源、营养价值和价格设计出全价配合饲料配方，然后把能量饲料、粗纤维饲料从配方中去掉即为浓缩饲料配方；另一种是根据用量比例或浓缩饲料标准单独设计浓缩饲料配方。

第四节 家兔饲料配方设计

配合饲料就是根据家兔的营养需要量，选择适宜的不同饲料原料，配制满足家兔营养需要量的混合饲料。

一、饲料配方设计原理

饲料配方设计就是根据家兔营养需要量、饲料营养成分及特性，选取适当的原料，并确定适宜的比例和数量，为家兔提供营养平衡、价格低廉的全价饲料，以充分发挥家兔的生产性能，保证兔体健康，并获得最大的经济效益。

设计配方时首先要掌握家兔的营养需要量和采食量，饲料营养价值表，饲料的非营养特性，如适口性、毒性、加工制粒特性、市场价格等，同时，还应将配方在养兔实践中进行检验。

二、饲料配方设计应考虑的因素

1. 使用对象

在配方设计时，首先要考虑配方使用的对象，如家兔类型（肉用型、皮用型、毛用型等）、生理阶段（仔兔、幼兔、青年兔、公兔、空怀母兔、妊娠母兔、哺乳母兔）不同，对营养需求量不同。

2. 营养需要量

目前家兔饲养标准有国内标准和国外标准，设计时应以国内家兔饲养标准为基础，同时参考国外标准，如法国、西班牙、意大利、美国等国家的饲养标准，还应考虑家兔品种、饲养管理条件、环境温度、健康状况等因素。对于国内外的家兔营养最新研究报告也应作为参考。

3. 饲料原料成分与价格

饲料原料是影响产品质量和价格的主要因素。选用时，以来源稳定、质量稳定的原料为佳。饲料原料营养成分受品种、气候、贮藏等因素影响，计算时最好参照营养成分实测结果，不能实测时可参考国内、国外营养成分表。力求使用质好、价廉、本地区来源广的原料，这样可降低运输费用，以求最终降低饲料成本。

4. 生产过程中饲料成分的变化

配合饲料在加工过程中对营养成分是有一定影响的，设计时应适当提高其添加量。

5. 注意饲料的品质和适口性

在配制饲料时不仅要满足家兔营养需要，还应考虑饲料的品质和适口性，饲料适口性直接影响家兔采食量。适口性好的饲料，家兔喜吃，可提高饲养效果。实践证明：家兔喜吃植物性饲料胜过动物性饲料，喜欢吃有甜味和脂肪含量适当的饲料，不喜吃鱼粉、血粉、肉骨粉等动物性饲料。家兔对霉菌毒素极为敏感，故严禁使用发霉、变质饲料原料配制饲料，以免引起家兔中毒。

6. 一般原料用量的大致比例

不同原料在饲料中所占的比例，一方面取决于原料本身的营养特点，另一方面取决于所配伍的原料情况，根据养兔生产实践，常用原料的大致比例为：

（1）粗饲料 如干草、秸秆、树叶、糟粕、蔓类等，一般添加比例为20%~50%。

（2）能量饲料 如玉米、大麦、小麦、麸皮等，一般添加比例为25%~35%。

（3）植物性蛋白质饲料 如豆饼、花生饼等，一般添加比例为5%~20%。

（4）动物性蛋白质饲料 如鱼粉等，一般添加比例为0~5%。

（5）钙、磷类饲料 如骨粉、石粉等，一般添加比例为1%~3%。

（6）食盐 食盐用量为0.3%~0.5%。

（7）添加剂 微量元素、维生素等一般添加比例为0.5%~1.5%。

（8）限制性原料 棉籽饼、菜籽饼等有毒饼粕一般添加比例小于5%。

三、饲料配方设计方法

饲料配方设计方法有计算机法和手工计算法。

1. 计算机法

计算机法是根据线性规划原理，在规定多种条件的基础上，可筛选出最低成本的饲料配方，它可以同时考虑几十种营养指标，运算速度快、精度高，是目前最先进的方法。目前市场上有许多畜禽优化饲料配方的计算机软件可供选择，可直接用于生产。

2. 手工计算法

手工计算法又分为交叉法、联立方程法和试差法，其中试差法是目前普遍采用的方法。

试差法又称凑数法，其具体方法是：首先根据经验初步拟出各种饲料原料的大致比例，然后用各自的比例去乘该原料所含的各种养分的百分含量，再将各种原料的同种养分之积相加，即得到该配方每种养分的总量，将所得结果与饲养标准进行对照，若有任一养分超过或不足时，可通过减少或增加相应的原料比例进行调整和重新计算，直至所有的营养指标都基本满足要求为止。这种方法考虑营养指标有限，计算量大，盲目性较大，不易选出最佳配方，不能兼顾成本。但由于简单易学，因此这种方法应用广泛。

（1）举例说明饲料配方步骤 现介绍用玉米、麸皮、豆饼、鱼粉、玉米秸、豆秸、贝壳粉、食盐、微量元素及维生素预混料，设计12周龄后肉用生长兔的饲料配方。

第一步：查饲养标准列出营养需要量，根据南京农业大学等推荐的各类家兔建议营养需要量，肉用生长兔12周龄后营养需要量见表3-18。

表 3-18 肉用生长兔 12 周龄后营养需要量

消化能/（兆焦/千克）	粗蛋白质（%）	粗纤维（%）	钙（%）	磷（%）	赖氨酸（%）	胱氨酸+蛋氨酸（%）
10.45~11.29	16	10~14	0.5~0.7	0.3~0.5	0.7~0.9	0.6~0.7

第二步：查出所用原料营养价值（表 3-19）。

表 3-19 原料营养价值

原料	消化能/（兆焦/千克）	粗蛋白质（%）	粗纤维（%）	钙（%）	磷（%）
玉米秸	8.16	6.5	18.9	0.39	0.23
豆秸	8.28	4.6	40.1	0.74	0.12
玉米	15.44	8.6	2.0	0.07	0.24
麸皮	11.92	15.6	9.2	0.14	0.96
豆饼	14.37	43.5	4.5	0.28	0.57
鱼粉	15.97	58.5	—	3.91	2.90
贝壳粉	—	—	—	0.36	—

第三步：试配饲料。一般食盐、矿物质饲料、预混料大致比例合计为 3%左右，其余则为 97%，见表 3-20。

表 3-20 饲料试配方案

原料	比例（%）	消化能/（兆焦/千克）	粗蛋白质（%）	粗纤维（%）
玉米秸	25	2.04	1.625	4.725
豆秸	15	1.242	0.69	6.015
玉米	15	2.316	1.29	0.3
麸皮	30	3.576	4.68	2.76
豆饼	11	1.5807	4.785	0.495
鱼粉	1	0.1597	0.585	—
合计	97	10.9144	13.655	14.295
营养需要量		10.45~11.29	16	10~14
比较			-2.345	

以上饲料，粗纤维、消化能已基本满足营养需要，但粗蛋白质不足，应用蛋白质饲料豆饼来平衡。钙、磷最后考虑。

第四步：调整配方。用一定量的豆饼替代麸皮，所替代比例确定为 2.345÷(0.435−0.156)≈8%，见表 3-21。

表 3-21 调整后的配方

原料	比例（%）	消化能/（兆焦/千克）	粗蛋白质（%）	粗纤维（%）	钙（%）	磷（%）
玉米秸	25	2.040	1.625	4.725	0.098	0.058
豆秸	15	1.242	0.690	6.015	0.111	0.018
玉米	15	2.316	1.290	0.300	0.011	0.036
麸皮	22	2.622	3.432	2.024	0.031	0.211
豆饼	19	2.730	8.265	0.855	0.053	0.108
鱼粉	1	0.160	0.585	—	0.039	0.029
合计	97	11.110	15.887	13.919	0.343	0.46

同营养需要量相比较，消化能、粗蛋白质和粗纤维已基本满足条件，只是钙不足，尚缺 0.7%−0.343%=0.357%，贝壳粉的添加量为 0.357%÷36%≈1%，食盐添加量为 0.5%，预混料添加剂为 0.5%~1.5%。此外，还需考虑添加蛋氨酸、赖氨酸等必需氨基酸，经计算该配方中赖氨酸、含硫氨基酸已达 0.7%和 0.51%，故赖氨酸、蛋氨酸需再分别添加 0.2%。

第五步：列出饲料配方和营养水平，见表 3-22。

表 3-22 肉用生长兔 12 周龄后饲料配方和营养水平

原料	比例（%）	营养水平	含量
玉米秸	25	消化能/(兆焦/千克)	11.2
豆秸	15	粗蛋白质（%）	15.9
玉米	15	粗纤维（%）	13.9
麸皮	22	钙（%）	0.7

（续）

原料	比例（%）	营养水平	含量
豆饼	19	磷（%）	0.46
鱼粉	1		
贝壳粉	1		
赖氨酸	0.2		
蛋氨酸	0.2		
食盐	0.5		
微量元素预混料	0.5		
多维素	0.6		

（2）配方设计体会 用试差法设计家兔配方时需要一定的经验，以下是笔者的几点体会，仅供参考。

第一，初拟配方时，先将食盐、矿物质、预混料等原料的用量确定。

第二，对所用原料的营养特点要有一定了解，确定有毒素、营养抑制因子等原料的用量。质量低的动物性蛋白质饲料最好不用，因为其造成危害的可能性很大。

第三，调整配方时，先以能量、粗蛋白质、粗纤维为目标进行，然后考虑矿物质、氨基酸等。

第四，矿物质不足时，先以含磷高的原料满足磷的需要，再计算钙的含量，不足的钙以低磷高钙的原料（如贝壳粉、石粉）补足。

第五，氨基酸不足时，以合成氨基酸补充，但要考虑氨基酸产品的含量和效价。

第六，计算配方时，不必过于拘泥于饲养标准。饲养标准只是一个参考值，原料的营养成分也不一定是实测值，用试差法手工计算完全达到饲养标准是不现实的，应力争使用计算机优化系统。

第七，配方营养水平应稍高于饲养标准，一般确定一个最高的超出范围，如1%或2%。

第八，注意选择使用安全绿色饲料添加剂。我国 2020 年后禁止在饲料中添加使用任何促生长添加剂，为此，为了兔群安全生产，必须选择使用绿色、高效添加剂，如酸化剂、微生态制剂、寡聚糖、植物精油等，以保证兔产品安全。

第九，添加的抗球虫等药物，要轮换使用，以防产生抗药性。禁止使用马杜拉霉素等易中毒的抗球虫药物添加剂。

第四章
家兔饲料配方实例

不同的区域根据当地饲料资源营养特点，设计不同的饲料配方。根据作者团队试验研究和养兔生产实践，参阅国内外已发表的论文及饲料企业提供的饲料配方，经过整理和必要的校对，汇总出家兔饲料配方实例。

需要指出的是，在参考使用这些饲料配方时不能生搬硬套，须根据所饲养的家兔类型、品种、饲料种类的营养成分及养殖环境等进行必要的调整。同时，2020 年起我国全面禁止在饲料中添加促生长添加剂（中草药除外），要严禁使用违禁药物，必须选择高效、绿色饲料添加剂，生产安全的兔肉产品。

第一节　种兔饲料配方

一、国内饲料配方

1. 中国农业科学院兰州畜牧与兽药研究所推荐的种母兔饲料配方（表 4-1）

表 4-1　中国农业科学院兰州畜牧与兽药研究所推荐的种母兔饲料配方

项目		妊娠母兔	哺乳母兔及仔兔配方 1	哺乳母兔及仔兔配方 2
原料	玉米（%）	21.5	30	29
	大麦（%）	—	10	—
	燕麦（%）	22.1	—	14.7
	麸皮（%）	7	3	4

（续）

项目		妊娠母兔	哺乳母兔及仔兔配方 1	哺乳母兔及仔兔配方 2
原料	豆饼（%）	9.8	17.5	14.8
	鱼粉（%）	0.6	4	4
	苜蓿草粉（%）	35	30.5	29.5
	食盐（%）	0.2	0.2	0.2
	石粉（%）	1.8	2	1.8
	骨粉（%）	2	2.8	2
营养水平	消化能/（兆焦/千克）	10.46	11.3	—
	粗蛋白质（%）	15	18	—
	粗纤维（计算值）（%）	16	12.8	12.0
	蛋氨酸（%）	0.12	—	—
	多维素（%）	0.01	0.01	0.01
	硫酸铜/（毫克/千克）	50	50	50

2. 山西省农业科学院畜牧兽医研究所实验兔场饲料配方（表 4-2）

表 4-2 山西省农业科学院畜牧兽医研究所实验兔场饲料配方（质量分数，%）

原料	空怀母兔	哺乳母兔
草粉	40.0	37.0
玉米	21.5	23.0
小麦麸	21.5	21.5
豆饼	10.5	12.3
葵花籽饼	4.5	4.0
磷酸氢钙	0.6	0.7
贝壳粉	0.6	0.7

（续）

原料	空怀母兔	哺乳母兔
食盐	0.3	0.3
预混料	0.5	0.5
多维素	适量	适量

注：（1）饲喂效果：繁殖母兔发情正常，受胎率高。（2）夏、秋季每只兔每天喂青苜蓿或菊苣50~100克，冬季每天喂胡萝50~100克。（3）草粉种类有青干草、豆秸、玉米秸、谷草、苜蓿粉、花生壳等，根据草粉种类不同，饲料配方做相应调整。

3. 南阳壹品饲料科技有限公司肉种兔饲料配方（表4-3）

表4-3 南阳壹品饲料科技有限公司肉种兔饲料配方

原料	比例（%）	原料	比例（%）
玉米（一级）	18	苜蓿草粉	15
小麦麸	16	花生壳粉	19
膨化大豆	5	米糠	2
豆粕	15	种兔复合预混料	5
玉米胚芽粕	5		

注：饲喂效果：母兔体况良好，采食量大，发情率达90%以上，断奶成活率达95%以上。

4. 重庆迪康肉兔有限公司肉种兔饲料配方（表4-4）

表4-4 重庆迪康肉兔有限公司肉种兔饲料配方

原料	比例（%）	原料	比例（%）
玉米	26.44	硫酸镁	0.2
豆粕	16	小苏打粉	0.2
优质鱼粉	2	氯化胆碱	0.06
小麦麸	15.2	赖氨酸	0.2
苜蓿草粉	37.5	蛋氨酸	0.1
轻质碳酸钙粉	0.3	兔用维生素添加剂	0.1
磷酸氢钙	0.2	兔用微量元素添加剂	1
食盐	0.5		

5. 沈阳农业大学动物科学与医学学院后备种公兔饲料配方（表 4-5）

表 4-5 沈阳农业大学动物科学与医学学院后备种公兔饲料配方

原料	比例（%）	营养水平	含量
玉米	44.0	消化能/(兆焦/千克)	11.34
稻壳	9.5	粗蛋白质（%）	15.52
豆粕	8.9	粗纤维（%）	12.25
大豆皮	4.0	赖氨酸（%）	10.9
苜蓿草	30.0	蛋氨酸（%）	0.36
豆油	0.5	钙（%）	0.87
磷酸氢钙	0.8	磷（%）	0.54
石粉	1.5		
食盐	0.3		
预混料	0.5		

二、国外饲料配方

1. 法国种兔及育肥兔典型饲料配方（表 4-6）

表 4-6 法国种兔及育肥兔典型饲料配方

项目		种用兔 1	种用兔 2	育肥兔
原料	苜蓿粉（%）	13	7	15
	稻草（%）	12	14	5
	米糠（%）	12	10	12
	脱水苜蓿（%）	0	0	0
	干甜菜渣（%）	0	0	0
	玉米（%）	0	0	0
	小麦（%）	0	0	10
	大麦（%）	30	35	30

（续）

项目		种用兔 1	种用兔 2	育肥兔
原料	豆饼（%）	12	12	0
	葵花籽饼（%）	12	13	14
	废糠渣（%）	6	6	4
	椰树芽饼（%）	0	0	6
	黏合剂（%）	0	0	1
	矿物质与多维（%）	3	3	3
营养水平	粗蛋白质（%）	17.3	16.4	16.5
	粗纤维（%）	12.8	13.8	14

2. 法国农业技术研究所兔场皮、肉兔哺乳期颗粒饲料配方（表 4-7）

表 4-7 法国农业技术研究所兔场皮、肉兔哺乳期颗粒饲料配方

原料	比例（%）	原料	比例（%）
小麦	19	甜菜渣	14
豆粕	9	糖浆	6
葵花籽粕	13	碳酸钙	1
苜蓿粉	25	矿物质盐及维生素	3
谷糠	10		

3. 西班牙繁殖母兔饲料配方 1（表 4-8）

表 4-8 西班牙繁殖母兔饲料配方 1

原料	比例（%）	原料	比例（%）
苜蓿粉	48	食盐	0.3
大麦	35	硫酸镁	0.01
豆粕	12	氯苯胍	0.08
动物脂肪	2	维生素 E	0.005
蛋氨酸	0.1	BHT（2,6-二叔丁基对甲酚）	0.005
磷酸氢钙	2.3	矿物质和维生素预混料	0.2

注：营养水平：消化能 12 兆卡/千克、粗蛋白质 12.2%、粗纤维 14.7%、粗灰分 10.2%。

4. 西班牙繁殖母兔饲料配方2（表4-9）

表4-9 西班牙繁殖母兔饲料配方2

原料	比例（%）	原料	比例（%）
苜蓿粉	92	食盐	0.1
动物脂肪	5	硫酸镁	0.01
蛋氨酸	0.17	氯苯胍	0.08
赖氨酸	0.17	维生素E	0.01
精氨酸	0.12	BHT（2,6-二叔丁基对甲酚）	0.01
磷酸钠	2.13	矿物质和维生素预混料	0.2

注：营养水平：消化能9.6兆焦/千克，可消化粗蛋白质10.5%，粗纤维22.6%，粗灰分13.6%。

5. 埃及繁殖母兔饲料配方（表4-10）

表4-10 埃及繁殖母兔饲料配方

原料	比例（%）	原料	比例（%）
玉　米	17	鱼粉	1.1
小　麦	9	石粉	0.6
大　麦	22	食盐	0.2
小麦麸	8	矿物元素预混料	1.5
豆　饼	3	维生素预混料	0.6
苜蓿粉	37		

注：营养水平：消化能11.7兆焦/千克，粗蛋白质20%，粗纤维13%，粗脂肪2.5%，钙1%，磷1%。

6. 阿尔及利亚繁殖母兔典型饲料配方（表4-11）

表4-11 阿尔及利亚繁殖母兔典型饲料配方

原料	比例（%）	营养水平	含量
玉米	32	消化能/(兆焦/千克)	10.88
苜蓿草粉	43.2	粗蛋白质（%）	15.00

（续）

原料	比例（%）	营养水平	含量
大麦	7	粗纤维（%）	13.87
豆粕	13	不可消化粗纤维（%）	11.86
小麦籽	2	含硫氨基酸（%）	0.49
石粉	0.2	赖氨酸（%）	0.73
磷酸氢钙	1.6	钙（%）	1.32
矿物质和维生素预混料	1	总磷（%）	0.61

7. 捷克哺乳母兔典型饲料配方（表4-12）

表4-12 捷克哺乳母兔典型饲料配方

原料	比例（%）	营养水平	含量
苜蓿	30	干物质（%）	89.2
白羽扇豆籽	25	粗蛋白质（%）	17.6
小麦麸	5	中性洗涤纤维（%）	26.7
甜菜渣	2	木质纤维素（%）	16.7
燕麦	13	木质素（%）	4.3
大麦	22	淀粉（%）	21.4
维生素矿物质补充剂	1	总能/(兆焦/千克)	17.2
磷酸氢钙	0.7		
石粉	1		
食盐	0.3		

注：饲喂效果：1~30日龄产奶量7636克。饲料转化率：1~21日龄为2.80，22~30日龄为1.96。母乳组成中：蛋白质8.9克/100克，脂肪14.3克/100克。

8. 希腊公兔饲料配方（表 4-13）

表 4-13　希腊公兔饲料配方

原料	比例（%）	原料	比例（%）
苜蓿粉	32.5	赖氨酸	0.2
麦秸	2	蛋氨酸	0.1
玉米	48.5	磷酸钙	0.5
豆饼	5	食盐	0.6
葵花籽饼	9	矿物质和维生素预混料	1.6

注：营养水平：消化能 12.7 兆焦/千克，粗蛋白质 14.5%，粗纤维 9%，粗脂肪 2.6%。

第二节　仔兔饲料配方

一、国内饲料配方

1. 南阳壹品饲料科技有限公司仔兔饲料配方（表 4-14）

表 4-14　南阳壹品饲料科技有限公司仔兔饲料配方

原料	比例（%）	原料	比例（%）
玉米（一级）	14	苜蓿草粉	20
小麦麸	18	花生壳粉	15
豆粕	12	乳清粉	3
葵花籽粕	5	膨化大豆	3
玉米胚芽粕	5	仔兔复合预混料	5

2. 江苏省农业科学院畜牧研究所仔兔饲料配方（表 4-15）

表 4-15　江苏省农业科学院畜牧研究所仔兔饲料配方

原料	比例（%）	营养水平	含量
玉米	22.0	消化能/(兆焦/千克)	10.17
麦麸	20.9	粗蛋白质（%）	16.19

（续）

原料	比例（%）	营养水平	含量
豆粕	10.8	粗纤维（%）	11.57
菜粕	3.0	粗脂肪（%）	3.65
菊花粉	38.0	钙（%）	1.54
食盐	0.3	有效磷（%）	0.40
预混料	5.0	赖氨酸（%）	0.96
		蛋氨酸+胱氨酸（%）	0.47
		精氨酸（%）	0.82

二、国外饲料配方

1. 西班牙早期断奶兔饲料配方（表 4-16）

表 4-16　西班牙早期断奶兔饲料配方

原料	比例（%）	原料	比例（%）
苜蓿粉	23.9	动物血浆	4.0
豆荚	7.7	猪油	2.5
甜菜渣	5.5	磷酸氢钙	0.42
葵花籽壳	5.0	碳酸钙	0.1
小麦	16.4	食盐	0.5
大麦	0.47	蛋氨酸	0.104
谷朊	10.0	苏氨酸	0.029
小麦麸	19.977	氯苯胍	0.10
海泡石	2.8	矿物质和维生素预混料	0.50

注：营养水平：消化能 11.4 兆焦/千克，粗蛋白质 16.9%，木质纤维素 20.9%，中性洗涤纤维 37.5%，木质素 4.7%。

2. 意大利仔兔诱食饲料配方（表 4-17）

表 4-17 意大利仔兔诱食饲料配方

原料	比例（%）	原料	比例（%）
苜蓿粉	30	蔗糖蜜	2
大麦	8	石粉	0.55
小麦麸	25	磷酸氢钙	0.42
豆饼	6	食盐	0.45
葵花籽饼	8	蛋氨酸	0.08
甜菜渣	15	赖氨酸	0.10
动物脂肪	2	矿物质和维生素预混料	0.30
脱脂乳	2	抗球虫药	0.10

注：营养水平：消化能 10.53 兆焦/千克，粗蛋白质 15.3%，粗纤维 17%，粗脂肪 3.7%。

第三节 育肥兔饲料配方

一、国内饲料配方

1. 中国农业科学院兰州畜牧与兽药研究所推荐的育肥兔饲料配方（表 4-18）

表 4-18 中国农业科学院兰州畜牧与兽药研究所推荐的育肥兔饲料配方

项目		育肥兔配方 1	育肥兔配方 2	育肥兔配方 3
原料	苜蓿草粉	36	35.3	35
	麸皮	11.2	6.7	7
	玉米	22	21	21.5
	大麦	14	—	—
	燕麦	—	20	22.1

（续）

项目		育肥兔配方 1	育肥兔配方 2	育肥兔配方 3
原料	豆饼	11.5	12	9.8
	鱼粉	0.3	1	0.6
	食盐	0.2	0.2	0.2
	石粉	2.8	1.8	1.8
	骨粉	2	2	2
营养水平	消化能/（兆焦/千克）	10.46	10.46	10.46
	粗蛋白质（%）	15	16	15
	粗纤维（计算值）（%）	15	16	16
	多维素（%）	0.01	0.01	0.01
	硫酸铜/（毫克/千克）	50	50	50

2. 山西省农业科学院畜牧兽医研究所实验兔场饲料配方（表 4-19）

表 4-19 山西省农业科学院畜牧兽医研究所实验兔场饲料配方（质量分数，%）

原料	仔兔诱食料	育肥肉兔
草粉	19.0	34.0
玉米	29.0	24.0
小麦麸	29.5	24.0
豆饼	14.0	12.0
葵花籽饼	5.0	4.0
鱼粉	1.0	—
蛋氨酸	0.1	—
赖氨酸	0.1	—
磷酸氢钙	0.7	0.6
贝壳粉	0.7	0.6
食盐	0.4	0.3

（续）

原料	仔兔诱食料	育肥肉兔
预混料	0.5	0.5
多维素	适量	适量

注：（1）育肥肉兔饲料营养水平：粗蛋白质17%，粗脂肪1.5%，粗纤维13%，粗灰分7.9%，属中等营养水平。（2）饲喂效果：育肥肉兔：断奶体重达2200克，日增重30克，料重比3∶1。（3）夏、秋季每只兔每天喂青苜蓿或菊苣50~100克，冬季每天喂胡萝卜50~100克。（4）预混料是山西省畜牧兽医研究所实验兔场科研成果。（5）草粉种类有青干草、豆秸、玉米秸、谷草、苜蓿粉、花生壳等，根据草粉种类不同，饲料配方做相应调整。

3. 重庆迪康肉兔有限公司育肥肉兔饲料配方（表4-20）

表4-20 重庆迪康肉兔有限公司育肥肉兔饲料配方

原料	比例（%）	原料	比例（%）
玉米	26.74	硫酸镁	0.2
豆粕	16	小苏打粉	0.1
优质鱼粉	2	氯化胆碱	0.06
小麦麸	15.9	赖氨酸	0.2
苜蓿草粉	36.5	蛋氨酸	0.1
轻质碳酸钙粉	0.3	兔用维生素添加剂	0.1
磷酸氢钙	0.2	兔用微量元素添加剂	1
食盐	0.5	复合酶	0.1

4. 山东省农业科学院畜牧兽医研究所育肥兔饲料配方（表4-21）

表4-21 山东省农业科学院畜牧兽医研究所育肥兔饲料配方

原料	比例（%）	营养水平	含量
玉米	15.00	消化能/（兆焦/千克）	9.91
小麦麸	14.5	粗蛋白质（%）	16.0
豆粕	12.00	粗纤维（%）	14.29
玉米胚芽粕	10.00	粗脂肪（%）	3.75

（续）

原料	比例（%）	营养水平	含量
大豆皮	5.00	钙（%）	1.14
花生秧	6.00	磷（%）	0.67
葵花籽壳	8.0	赖氨酸（%）	0.86
稻壳粉	12.00	蛋氨酸+胱氨酸（%）	0.32
麦芽根	10.00		
大豆油	1.5		
葡萄糖	1.00		
预混料	5.0		

注：每吨饲料添加中草药：苍术 200 克，黄连 200 克，黄芪 300 克，神曲 300 克，山楂 500 克。

5. 重庆阿祥记食品有限公司兔业分公司养殖基地育肥肉兔饲料配方（表 4-22）

表 4-22 重庆阿祥记食品有限公司兔业分公司养殖基地育肥肉兔饲料配方

原料	比例（%）	营养水平	含量
玉米	12.00	消化能/(兆焦/千克)	9.80
小麦麸	18.40	粗蛋白质（%）	16.70
次粉	3.00	粗纤维（%）	17.0
豆粕	7.50	粗脂肪（%）	2.8
葵花籽粕	15.00	钙（%）	0.83
米糠	3.00	磷（%）	0.50
苜蓿草粉	15.00	赖氨酸（%）	0.87
稻壳粉	15.00	蛋氨酸+胱氨酸（%）	0.5
酒糟	3.0		
食盐	0.5		

（续）

原料	比例（%）	营养水平	含量
磷酸氢钙	0.25		
石粉	1.40		
豆油	0.50		
赖氨酸	0.25		
蛋氨酸	0.20		
葡萄糖	1.00		
糖蜜	3.0		
预混料	1.00		

注：饲养效果：77 日龄伊拉商品兔体重达 2.53 千克，日增重 34.14 克，料重比 3.26。

6. 南阳壹品饲料科技有限公司育肥兔饲料配方（表 4-23）

表 4-23　南阳壹品饲料科技有限公司育肥兔饲料配方

原料	比例（%）	原料	比例（%）
玉米（一级）	12	苜蓿草粉	17
小麦麸	18	花生壳粉	16
豆粕	12	米糠	5
葵花籽粕	5	肉兔复合预混料	5
玉米胚芽粕	10		

7. 江苏省农业科学院畜牧研究所育肥兔饲料配方（表 4-24）

表 4-24　江苏省农业科学院畜牧研究所育肥兔饲料配方

原料	比例（%）	营养水平	含量
玉米	26.00	消化能/(兆焦/千克)	10.26
豆粕	10.40	粗蛋白质（%）	14.07
麸皮	15.30	粗纤维（%）	13.26
菊叶粉	20.00	钙（%）	1.88

（续）

原料	比例（%）	营养水平	含量
艾叶粉	20.00	磷（%）	0.78
酵母粉	3.00	赖氨酸（%）	0.90
食盐	0.30	蛋氨酸+半胱氨酸（%）	0.53
预混料	5.00	精氨酸（%）	0.98
合计	100		

8. 四川农业大学动物营养研究所育肥肉兔饲料配方（表4-25）

表4-25　四川农业大学动物营养研究所育肥肉兔饲料配方

原料	比例（%）	营养水平	含量
玉米皮	15.00	消化能/（兆焦/千克）	11.33
小麦	21.66	粗蛋白质（%）	17.38
苜蓿草粉	15.33	粗纤维（%）	17.49
豆粕	13.57	中性洗涤纤维（%）	39.06
小麦麸	10.00	酸性洗涤纤维（%）	20.93
甜菜粕	6.00	酸性洗涤木质素（%）	5.07
统糠	1.70	钙（%）	0.91
花生壳	10.02	总磷（%）	0.58
大豆油	3.70	总赖氨酸（%）	0.81
碳酸钙	0.32	总蛋氨酸+半胱氨酸（%）	0.58
磷酸氢钙	1.19	总苏氨酸（%）	0.69
氯化钠	0.30		
L-赖氨酸盐酸盐	0.04		
DL-蛋氨酸	0.08		
L-苏氨酸	0.09		
预混料	1.00		

注：饲喂效果：日增重29.54克，料重比2.97∶1。

9. 沈阳农业大学动物科学与医学学院育肥肉兔饲料配方（表4-26）

表4-26　沈阳农业大学动物科学与医学学院育肥肉兔饲料配方

原料	比例（%）	营养水平	含量
玉米	29.94	消化能/(兆焦/千克)	10.52
小麦麸	6.00	粗蛋白质（%）	16.6
豆粕	6.00	粗纤维（%）	11.8
米糠粕	5.00	粗脂肪（%）	2.90
玉米胚芽粕	9.00	中性洗涤纤维（%）	25.1
苜蓿草	37.00	酸性洗涤纤维（%）	13.0
磷酸氢钙	0.50	钙（%）	0.90
石粉	0.50	磷（%）	0.59
食盐	0.30	蛋氨酸+胱氨酸（%）	0.59
赖氨酸	0.12	赖氨酸（%）	0.84
蛋氨酸	0.14		
脱核酸酵母	0.50		
预混料	5.00		

注：饲喂效果：35~70日龄，日增重49.8克，料肉比2.58∶1。

10. 河北农业大学食品科技学院育肥肉兔饲料配方（表4-27）

表4-27　河北农业大学食品科技学院育肥肉兔饲料配方

原料	比例（%）	营养水平	含量
小麦	10.00	消化能/(兆焦/千克)	9.92
小麦麸	29.00	粗蛋白质（%）	14.81
次粉	5.00	粗纤维（%）	18.76
大豆粕	7.00	粗脂肪（%）	2.90
葵花仁粕	7.00	中性洗涤纤维（%）	37.64
玉米胚芽粕	8.00	酸性洗涤纤维（%）	22.48

（续）

原料	比例（%）	营养水平	含量
艾杆粉	8.20	酸性洗涤木质素（%）	4.99
花生壳	10.0	钙（%）	0.90
稻壳	10.00	磷（%）	0.73
大豆油	0.80	蛋氨酸+胱氨酸（%）	0.52
预混料	5.00	赖氨酸（%）	0.75

11. 河北农业大学动物科技学院育肥肉兔饲料配方（表 4-28）

表 4-28　河北农业大学动物科技学院育肥肉兔饲料配方

原料	比例（%）	营养水平	含量
玉米	8.00	消化能/(兆焦/千克)	9.33
小麦麸	33.00	粗蛋白质（%）	16.37
大豆粕	11.00	粗脂肪（%）	3.40
次粉	4.00	粗纤维（%）	14.91
米糠	5.00	中性洗涤纤维（%）	42.08
花生秧	15.00	酸性洗涤纤维（%）	23.97
花生壳	12.50	酸性洗涤木质素（%）	5.62
艾叶粉	8.00	钙（%）	1.60
石粉	1.05	总磷（%）	0.80
食盐	0.50	粗灰分（%）	12.35
碳酸氢钙	0.50		
L-赖氨酸盐酸盐	0.30		
DL-蛋氨酸	0.15		
预混料	1.00		
合计	100		

二、国外饲料配方

1. 法国育肥兔饲料配方（表 4-29）

表 4-29 法国育肥兔饲料配方

项目		配方 1	配方 2	配方 3	配方 4
原料	小麦（%）	12.0	12.4	—	—
	大麦（%）	13.0	—	25	—
	次小麦（%）	—	—	—	23
	小麦麸（%）	15.0	20.0	25	30
	糖蜜（%）	5.0	—	—	—
	豆饼（%）	11.5	10.0	11.0	8
	苜蓿草粉（%）	28.0（17%CP）	30.0	35	35
	麦秸（%）	10.0	6.0	—	—
	甜菜渣（干）（%）	4.5	20.0	—	—
	预混料（含蛋氨酸）（%）	1.0	—	—	—
	维生素矿物质预混料（%）	—	1.6	4	4
营养水平	消化能/(兆焦/千克)	10.0	—	—	—
	粗蛋白质（%）	15.7	16.0	—	—
	粗脂肪（%）	1.8		—	—
	中性洗涤纤维（%）	31.7	37.9	—	—
	酸性洗涤纤维（%）	17.6	18.9	—	—
	酸性洗涤木质素（%）	—	3.4	—	—

注：饲料效果：（1）配方 1：断奶后 35 天，日增重 46.2 克，料重比 2.95∶1。（2）配方 2：28~70 日龄，日增重 41.9 克，料重比 2.84∶1。（3）配方 3：28~84 日龄，日增重 30.5 克，料重比 4.52∶1。（4）配方 4：28~84 日龄，日增重 28.8 克，料重比 3.91∶1。

2. 西班牙育肥兔饲料配方 1（表 4-30）

表 4-30 西班牙育肥兔饲料配方 1

原料	比例（%）	营养水平	含量
大麦	13.0	消化能/(兆焦/千克)	18.5
小麦麸	19.4	粗蛋白质（%）	18.5
豆粕	11.7	粗灰分（%）	9.9
葵花籽饼	10.0	中性洗涤纤维（%）	42.1
玉米蛋白	2.0	酸性洗涤纤维（%）	27.2
苜蓿粉	14.0	酸性洗涤木质素（%）	6.8
麦秸	12.0		
葵花籽壳	14.0		
猪油	0.91		
糖蜜	1.5		
碳酸钙	0.63		
食盐	0.45		
添加剂	0.41		

注：饲喂效果：从 30 日龄至屠宰体重（2.02 千克），日增重 37.6 克，料重比 2.96：1

3. 西班牙育肥兔饲料配方 2（表 4-31）

表 4-31 西班牙育肥兔饲料配方 2

原料	比例（%）	营养水平	含量
大麦	13.0	消化能/(兆焦/千克)	18.5
小麦麸	20.9	粗蛋白质（%）	18.5
豆饼	11.7	粗灰分（%）	7.4
葵花籽饼	10.0	中性洗涤纤维（%）	43.0
玉米蛋白	2.0	酸性洗涤纤维（%）	28.15
葡萄籽饼	7.5	酸性洗涤木质素（%）	67.5
豆荚	32.5		
猪油	0.91		
碳酸钙	0.63		

（续）

原料	比例（%）	营养水平	含量
食盐	0.45		
添加剂	0.41		

注：饲喂效果：从30日龄至屠宰体重（2.02千克），日增重35.8克，料重比2.96∶1。

4. 意大利育肥兔饲料配方（表4-32）

表4-32 意大利育肥兔饲料配方

项目		配方1	配方2	配方3	配方4	配方5
原料	大麦（%）	20	22	28	30	32
	小麦麸（%）	24	24	24	24	24
	豆饼（%）	5	3	6.0	4	2
	葵花籽粕（%）	5	3	6.0	4	2
	甜菜渣（%）	10	12	10.0	12	14
	苜蓿草粉（%）	32	32	22	22	22
	石粉（%）	0.25	0.25	0.25	0.25	0.25
	磷酸氢钙（%）	0.65	0.65	0.65	0.65	0.65
	糖蜜（%）	2	2	2	2	2
	食盐（%）	0.45	0.45	0.45	0.45	0.45
	蛋氨酸（%）	0.15	0.15	0.15	0.15	0.15
	赖氨酸（%）	0.10	0.10	0.10	0.10	0.10
	矿物质和维生素预混料（%）	0.30	0.30	0.30	0.30	0.30
	抗球虫药（%）	0.10	0.10	0.10	0.10	0.10
营养水平	消化能/(兆焦/千克)	10.26	9.99	10.45	10.31	10.29
	粗蛋白质（%）	15.6	14.4	15.4	14.3	13.1
	粗纤维（%）	15.2	15.5	12.9	13.7	12.7
	粗脂肪（%）	2.31	2.2	2.0	1.5	2.0

注：饲喂效果：（1）配方1：35~77日龄，日增重45.6克，料重比3.21∶1。（2）配方2：35~77日龄，日增重43.7克，料重比3.35∶1。（3）配方3：35~77日龄，日增重44.9克，料重比3.28∶1。（4）配方4：35~77日龄，日增重44.6克，料重比3.29∶1。（5）配方5：35~77日龄，日增重44.6克，料重比3.26∶1。

5. 墨西哥育肥兔饲料配方（表 4-33）

表 4-33　墨西哥育肥兔饲料配方

原料	比例（%）	营养水平	含量
高粱	29.51	消化能/(兆焦/千克)	10.46
豆饼	8.00	粗蛋白质（%）	16.5
苜蓿粉	59.11	粗纤维（%）	20.01
植物油	1.00	中性洗涤纤维（%）	17.92
沙粒	0.61	酸性洗涤纤维（%）	12.94
磷酸氢钙	1.50	钙（%）	1.23
抗氧化剂	0.01	赖氨酸（%）	0.84
蛋氨酸	0.11	蛋氨酸+胱氨酸（%）	0.63
赖氨酸	0.02	苏氨酸（%）	0.68
苏氨酸	0.03		
矿物质预混料	0.10		

注：饲喂效果：断奶至2.2千克体重，所需育肥天数为41天，日增重37克，料重比为3.1∶1。

6. 法国育肥兔典型饲料配方（Lebas. F）（表 4-34）

表 4-34　法国育肥兔典型饲料配方（Lebas. F）

原料	比例（%）	营养水平	含量（%）
大麦籽	24	干物质	88.1
豆粕	14	粗蛋白质	15.9
硬小麦秸秆	22	粗纤维	12.0
硬小麦麸	35	中性洗涤纤维	28.7
混合蔬菜油	1	酸性洗涤纤维	13.7
石粉	2	酸性洗涤木质素	3.7

（续）

原料	比例（%）	营养水平	含量（%）
磷酸氢钙	1		
微量维生素预混合料	1		

注：饲喂效果：31~79日龄平均日增重33.0克，料重比为3.38：1。

7. 匈牙利育肥兔典型饲料配方（表4-35）

表4-35　匈牙利育肥兔典型饲料配方

原料	比例（%）	营养水平（计算值）	含量
豆粕	14	干物质（%）	88.7
脱水苜蓿	37	消化能/(兆焦/千克)	9.9
大麦	23.7	粗蛋白质（%）	17
小麦秸秆	12	粗纤维（%）	18.4
脂肪粉	3.5	淀粉（%）	13.3
磷酸二氢钙	0.3		
食盐	0.5		
DL-蛋氨酸	0.1		
L-赖氨酸盐酸盐	0.4		
维生素矿物质预混合料	0.5		
干苹果渣	4		
沸石	1		
百里香	3		

注：饲喂效果：5~11周龄平均日增重39.1克，料重比3.44：1。

第四节　獭兔饲料配方

一、国内饲料配方

1. 金星良种獭兔场饲料配方（表4-36）

表 4-36　金星良种獭兔场饲料配方

项目		18~60 日龄				全价料（冬天用）				精料补充料（夏天用）	
		配方 1	配方 2	配方 3	配方 4	配方 1	配方 2	配方 3	配方 4	配方 1	配方 2
原料	稻草粉（%）	15.0	10.0	15.0	10.0	13.0	—	13.0	—	—	—
	三七糠（%）	7.0	—	7.0	—	12.0	9.0	13.0	9.0	7.0	7.0
	苜蓿草粉（%）	—	22.0	—	22.0	—	30.0	—	30.0	—	—
	玉米（%）	5.9	6.0	5.9	6.0	8.0	8.0	9.0	8.0	19.3	19.3
	小麦（%）	23.0	17.0	21.0	15.0	23.0	21.0	21.0	19.5	21.0	29.0
	麸皮（%）	27.0	29.4	27.0	29.4	23.0	19.5	21.0	19.5	26.0	20.0
	豆粕（%）	19.0	13.0	21.0	15.0	18.0	10.0	20.0	11.5	23.0	21.0
	DL-蛋氨酸（%）	0.2	0.2	0.2	0.2	0.2	0.2	0.2	0.2	0.3	0.3
	L-赖氨酸（%）	0.1	0.1	0.1	0.1	—	—	—	—	0.1	0.1
	骨粉（%）	0.8	0.8	0.8	0.8	0.8	0.8	0.8	0.8	1.0	1.0
	石粉（%）	1.5	1.0	1.5	1.0	1.5	1.0	1.5	1.0	1.8	1.8
	食盐（%）	0.5	0.5	0.5	0.5	0.5	0.5	0.5	0.5	0.5	0.5
营养水平	消化能/(兆焦/千克)	10.80	10.86	10.80	10.87	10.58	10.74	10.52	10.74	12.54	12.54
	粗蛋白质（%）	17.38	17.41	17.95	17.98	16.68	16.69	17.07	17.11	19.03	18.46
	粗纤维（%）	10.38	13.1	10.44	13.16	11.04	14.66	11.25	14.70	6.1	6.05
	钙（%）	0.95	0.96	0.95	0.96	0.95	1.04	0.96	1.04	1.08	1.08
	磷（%）	0.60	0.62	0.60	0.63	0.58	0.59	0.57	0.60	0.62	0.61
	赖氨酸（%）	0.81	0.82	0.86	0.86	0.70	0.71	0.74	0.74	0.90	0.86
	蛋氨酸+胱氨酸（%）	0.65	0.62	0.66	0.64	0.64	0.63	0.66	0.64	0.82	0.81

2. 山西省农业科学院畜牧兽医研究所实验兔场獭兔饲料配方（表4-37）

表4-37 山西省农业科学院畜牧兽医研究所实验兔场獭兔饲料配方

原料	比例（%）	原料	比例（%）
玉米	24.0	贝壳粉	0.6
小麦麸	22.8	蛋氨酸	0.1
豆饼	12.0	赖氨酸	0.1
葵花籽饼	4.0	食盐	0.3
鱼粉	1.0	预混料	0.5
草粉	34.0	多维素	适量
磷酸氢钙	0.6		

注：（1）獭兔饲料营养水平：粗蛋白质17%，粗脂肪1.5%，粗纤维13%，粗灰分7.9%；属中等营养水平。（2）饲喂效果：獭兔生长兔：90~100日龄体重达2.1千克。（3）夏、秋季每只兔每天喂青苜蓿或菊苣50~100克，冬季每天喂胡萝卜50~100克。（4）草粉种类有青干草、豆秸、玉米秸、谷草、苜蓿粉、花生壳等，根据草粉种类不同，饲料配方做相应调整。

3. 山西省右玉县某兔场生长獭兔饲料配方（表4-38）

表4-38 山西省右玉县某兔场生长獭兔饲料配方

项目		配方1	配方2
原料	玉米（%）	22	22
	麸皮（%）	14	14
	豆粕（%）	14	14
	酒精蛋白（%）	6	6
	棉籽饼（%）	2	2
	菜籽饼（%）	2	2
	苜蓿（%）	5	10
	花生秧（%）	13	0
	糜子秸秆（%）	10	—
	糜子壳（%）	—	10
	葵花籽壳（%）	5	13
	维生素矿物质预混料（%）	7	7

（续）

项目		配方 1	配方 2
营养水平	能量/(兆焦/千克)	15.90	15.91
	粗蛋白质（%）	14.04	13.43
	粗纤维（%）	14.53	17.34
	钙（%）	1.14	1.01
	磷（%）	0.44	0.43
	中性洗涤纤维（%）	56.99	64.90
	酸性洗涤纤维（%）	24.33	25.92

注：（1）配方 1 饲喂效果：35~95 日龄平均日增重 17.45 克。（2）配方 2 饲喂效果：35~95 日龄平均日增重 18.86 克。

4. 杭州养兔中心种兔场獭兔饲料配方（表 4-39）

表 4-39　杭州养兔中心种兔场獭兔饲料配方

项目		育肥兔	妊娠母兔	哺乳母兔	产皮兔
原料	青干草粉（%）	15	20	15	20
	麦芽根（%）	32	26	30	20
	统糠（%）	—	—	—	15
	四号粉（%）	—	—	25	—
	玉米（%）	6	—	—	8
	大麦（%）	—	10	—	—
	麦麸（%）	29.8	29.8	9.8	24.8
	豆饼（%）	15	12	18	10
	石粉或贝壳粉（%）	1.5	1.5	1.5	1.5
	食盐（%）	0.5	0.5	0.5	0.5
	蛋氨酸（%）	0.2	0.2	0.2	0.2
	抗球虫药（%）	按说明使用	—	—	—
营养水平	消化能/(兆焦/千克)	9.88	9.92	10.38	9.38
	粗蛋白质（%）	18.04	16.62	18.83	14.88
	粗脂肪（%）	3.38	3.12	3.33	3.25

（续）

项目		育肥兔	妊娠母兔	哺乳母兔	产皮兔
营养水平	粗纤维（%）	12.23	12.75	10.47	15.88
	钙（%）	0.64	0.74	0.63	0.80
	磷（%）	0.59	0.60	0.45	0.56
	赖氨酸（%）	0.76	0.69	0.81	0.57
	蛋氨酸+胱氨酸（%）	0.76	0.72	0.76	0.64

5. 四川省草原科学研究院育肥獭兔饲料配方（表 4-40）

表 4-40　四川省草原科学研究院育肥獭兔饲料配方

原料	比例（%）	营养水平	含量
玉米	20	消化能/(兆焦/千克)	10.21
小麦麸	22.8	粗蛋白质（%）	16.0
豆粕	14.6	粗纤维（%）	14.29
花生秧	40.1	钙（%）	0.58
食盐	0.5	磷（%）	0.62
磷酸氢钙	1.0	蛋氨酸+胱氨酸（%）	0.46
预混料	1.0		

6. 河北农业大学獭兔仔兔饲料配方（表 4-41）

表 4-41　河北农业大学獭兔仔兔饲料配方

原料	比例（%）	营养水平	含量
玉米皮	24.00	消化能/(兆焦/千克)	10.0
小麦麸	18.00	粗蛋白质（%）	15.72
次粉	10.00	粗纤维（%）	16.50
大豆粕	3.15	中性洗涤纤维（%）	36.49
葵花籽粕	3.00	酸性洗涤纤维（%）	20.66
苜蓿草粉	30.0	酸性洗涤木质素（%）	4.57

（续）

原料	比例（%）	营养水平	含量
花生秧	7.00	钙（%）	1.00
蛋氨酸	0.35	磷（%）	0.61
赖氨酸（65%）	0.50	赖氨酸（%）	1.00
预混料	4.00	蛋氨酸+胱氨酸（%）	0.86

注：（1）预混料为每千克中添加氯苯胍 125mg。消化能为计算值，其他为实测值。
（2）饲养效果：出生 17~37 天，日增重 22.5 克，料重比 1.38∶1。

7. 西北农林科技大学动物科技学院育肥獭兔饲料配方（表 4-42）

表 4-42 西北农林科技大学动物科技学院育肥獭兔饲料配方

原料	比例（%）	营养水平	含量
玉米	25.00	消化能/(兆焦/千克)	11.48
玉米皮	25.00	粗蛋白质（%）	16.20
豆粕	17.00	粗纤维（%）	7.80
米糠	15.00	粗脂肪（%）	5.30
小麦麸	12.00	蛋氨酸（%）	0.24
苜蓿草粉	1.00	赖氨酸（%）	0.71
预混料	5.00	蛋氨酸+半胱氨酸（%）	0.51
		钙（%）	1.91
		磷（%）	0.55

8. 山东农业大学动物科技学院 3~4 月龄獭兔饲料配方（表 4-43）

表 4-43 山东农业大学动物科技学院 3~4 月龄獭兔饲料配方

原料	比例（%）	营养水平	含量
玉米	10.50	消化能/(兆焦/千克)	10.29
豆粕	6.00	干物质（%）	88.64
玉米胚芽粕	20.00	粗蛋白质（%）	16.21
小麦麸皮	18.00	粗灰分（%）	7.12

（续）

原料	比例（%）	营养水平	含量
稻壳粉	11.00	粗脂肪（%）	3.74
豆秸粉	12.00	粗纤维（%）	16.91
苜蓿	12.00	钙（%）	0.76
麦芽根粉	6.00	磷（%）	0.51
青蒿草粉	3.00	赖氨酸（%）	0.63
预混料	1.50	蛋氨酸（%）	0.24

二、国外饲料配方

1. 美国獭兔全价颗粒饲料配方（表 4-44）

表 4-44 美国獭兔全价颗粒饲料配方（质量分数,%）

原料	育成兔（0.5~4 千克）	空怀兔	妊娠兔	哺乳兔
苜蓿干草	50	—	50	40
三叶草干草	—	70	—	—
玉米	23.5	—	—	—
大麦	11	—	—	—
燕麦	—	29.5	45.5	—
小麦	—	—	—	25
高粱	—	—	—	22.5
小麦麸	5	—	—	—
大豆饼	10	—	4	12
食盐	0.5	0.5	0.5	0.5

美国 30~136 日龄獭兔全价颗粒料配方如下：草粉 30%、新鲜燕麦（或玉米）19%、新鲜大麦（或新鲜玉米）19%、小麦麸 15%、葵花籽饼渣 13%、鱼粉 2%、食盐 0.5%、水解酵母 1%、骨粉 0.5%。

2. 俄罗斯皮用兔饲料配方（表 4-45）

表 4-45 俄罗斯皮用兔饲料配方

原料	比例（%）	营养水平	含量
草粉	30	代谢能/(兆焦/千克)	9.6
玉米	15	粗蛋白质（%）	16.2
小麦	21	粗纤维（%）	12.0
磷酸盐	0.5	粗脂肪（%）	3.1
食盐	0.5	钙（%）	0.68
燕麦	10	磷（%）	0.56
小麦麸	11		
葵花籽饼	10		
沸石	2		

注：饲喂效果：90~150 日龄，日增重 20.1 克，料肉比 7.1∶1，优质皮比例显著提高。

第五节 毛用兔饲料配方

一、国内饲料配方

1. 中国农业科学院兰州畜牧与兽药研究所安哥拉妊娠兔、哺乳兔、种公兔常用配合饲料配方（表 4-46）

表 4-46 中国农业科学院兰州畜牧与兽药研究所安哥拉妊娠兔、哺乳兔、种公兔常用配合饲料配方

项目		妊娠兔			哺乳兔		种公兔	
		配方 1	配方 2	配方 3	配方 1	配方 2	配方 1	配方 2
原料	苜蓿草粉（%）	37	40	42	31	32	43	50
	玉米（%）	28	18	30.5	30	29	15	—
	麦麸（%）	18	8	12.5	15	20	17	16
	大麦（%）	—	17	—	5	—	—	16
	豆饼（%）	3	—	5	5	5	5	4

（续）

项目		妊娠兔			哺乳兔		种公兔	
		配方1	配方2	配方3	配方1	配方2	配方1	配方2
原料	胡麻饼（%）	5	5	—	4	5	6	5
	菜籽饼（%）	6	5	7	7	6	9	4
	鱼粉（%）	1	5	1	1	1	3	3
	骨粉（%）	1.5	1.5	1.5	1.5	1.5	1.5	1.5
	食盐（%）	0.5	0.5	0.5	0.5	0.5	0.5	0.5
添加成分	硫酸锌/(克/千克)	0.10	0.10	0.10	0.10	0.10	0.3	0.3
	硫酸锰/(克/千克)	0.05	0.05	0.05	0.05	0.05	0.3	0.3
	硫酸铜/(克/千克)	0.05	0.05	0.05	0.05	—	—	
	多种维生素/(克/千克)	0.1	0.1	0.1	0.2	0.2	0.3	0.2
	蛋氨酸（%）	0.2	0.3	0.3	0.3	0.3	0.1	0.1
	赖氨酸（%）	—	—	—	0.1	0.1	—	—
营养水平	消化能/(兆焦/千克)	10.21	10.21	10.38	10.88	10.72	9.84	9.67
	粗蛋白质（%）	16.7	15.4	16.1	16.5	17.3	17.8	16.8
	可消化粗蛋白质（%）	13.6	11.1	11.7	12.0	12.2	13.2	12.2
	粗纤维（%）	18.0	15.7	16.2	14.1	15.3	16.5	19.0
	赖氨酸（%）	0.60	0.70	0.60	0.75	0.75	0.80	0.80
	含硫氨基酸（%）	0.75	0.80	0.80	0.85	0.85	0.65	0.65

注：苜蓿草粉的粗蛋白质含量约12%，粗纤维35%。

2. 中国农业科学院兰州畜牧与兽药研究所安哥拉生长兔、产毛兔常用配合饲料配方（表4-47）

表4-47　中国农业科学院兰州畜牧与兽药研究所安哥拉生长兔、产毛兔常用配合饲料配方

项目		断奶至3月龄生长兔			4~6月龄生长兔		产毛兔	
		配方1	配方2	配方3	配方1	配方2	配方1	配方2
原料	苜蓿草粉（%）	30	33	35	40	33	45	39
	玉米（%）	—	—	—	21	31	21	25

（续）

项目		断奶至3月龄生长兔			4~6月龄生长兔		产毛兔	
		配方1	配方2	配方3	配方1	配方2	配方1	配方2
原料	麦麸（%）	32	37	32	24	19	19	21
	大麦（%）	32	22.5	22	—	—	—	—
	豆饼（%）	4.5	6	4.5	4	5	2	2
	胡麻饼（%）	—	—	3	4	4	6	6
	菜籽饼（%）	—	—	—	5	6	4	4
	鱼粉（%）	—	—	2	—	—	1	1
	骨粉（%）	1	1	1	1.5	1.5	1.5	1.5
	食盐（%）	0.5	0.5	0.5	0.5	0.5	0.5	0.5
添加成分	硫酸锌/（克/千克）	0.05	0.05	0.05	0.07	0.07	0.04	0.04
	硫酸锰/（克/千克）	0.02	0.02	0.02	0.02	0.02	0.03	0.03
	硫酸铜/（克/千克）	0.15	0.15	0.15	—	—	0.07	0.07
	多种维生素/（克/千克）	0.1	0.1	0.1	0.1	0.1	0.1	0.1
	蛋氨酸（%）	0.2	0.2	0.1	0.2	0.2	0.2	0.2
	赖氨酸（%）	0.1	0.1	—	—	—	—	—
营养水平	消化能/（兆焦/千克）	10.67	10.34	10.09	10.46	10.84	9.71	10.00
	粗蛋白质（%）	15.4	16.1	17.1	15.0	15.9	14.5	14.1
	可消化粗蛋白质（%）	11.7	11.9	11.6	10.8	11.3	10.3	10.2
	粗纤维（%）	13.7	15.6	16.0	16.0	13.9	17.0	15.7
	赖氨酸（%）	0.6	0.75	0.7	0.65	0.65	0.65	0.65
	含硫氨基酸（%）	0.7	0.75	0.7	0.75	0.75	0.75	0.75

注：苜蓿草粉的粗蛋白质含量约12%，粗纤维35%。

3. 江苏省农业科学院饲料食品研究所安哥拉兔常用配合饲料配方（表 4-48）

表 4-48　江苏省农业科学院饲料食品研究所安哥拉兔常用配合饲料配方

项目		妊娠兔	哺乳兔		产毛兔		种公兔
			配方 1	配方 2	配方 1	配方 2	
原料	玉米（%）	25.5	23	26	14	19	20
	麦麸（%）	33	30	32	36	33.5	31.5
	豆饼（%）	16	19	19	16	17	11
	苜蓿草粉（%）	—	—	—	30.5	27	31.5
	青干草粉（%）	11	18	15	—	—	—
	大豆秸秆（%）	11	3	3.5	—	—	—
	骨粉（%）	—	2.7	2.2	—	—	0.7
	石粉（%）	1.2	—	—	1.2	1.2	1.0
	食盐（%）	0.3	0.3	0.3	0.3	0.3	0.3
	预混料（%）	2	2	2	2	2	2
	鱼粉（%）	—	2	—	—	—	2
营养水平	消化能/(兆焦/千克)	10.76	10.55	10.76	11.60	11.64	11.49
	粗蛋白质（%）	16.09	18.37	17.32	17.77	17.84	15.70
	可消化粗蛋白质（%）	10.98	12.95	10.97	11.87	12.09	11.10
	粗纤维（%）	11.96	10.70	10.24	15.23	13.94	14.86
	钙（%）	0.71	1.22	1.02	1.01	0.97	1.21
	磷（%）	0.45	0.91	0.81	0.47	0.46	—
	含硫氨基酸（%）	0.66	0.72	0.68	0.91	0.92	—
	赖氨酸（%）	1.08	1.24	1.14	0.74	0.76	—

注：预混料由该研究所自己研制。

4. 浙江省新昌县长毛兔研究所良种场长毛兔饲料配方（表 4-49）

表 4-49　浙江省新昌县长毛兔研究所良种场长毛兔饲料配方

原料	比例（%）	原料	比例（%）
玉米	16	麦芽根	16
次粉	10	松针粉	3
小麦麸	16	贝壳粉	2
豆粕	11	食盐	1.5
菜籽粕	2	微量元素（预混）	1.5
蚕蛹	0.5	蛋氨酸	0.2
酵母粉	1	赖氨酸	0.2
草粉	8	多维素	0.1
大糠	11	抗球虫药	另加

注：（1）营养水平：消化能 10.47 兆焦/千克，粗蛋白质 16.93%，粗纤维 13.27%，粗脂肪 2.06%，钙 0.76%，磷 0.46%，赖氨酸 0.89%，含硫氨基酸 0.77%。（2）种兔饲料配方在此基础上做适当调整。（3）应有效果：自由采食，月增重 1.1 千克左右。

5. 山东省临沂市长毛兔研究所长毛兔饲料配方（表 4-50）

表 4-50　山东省临沂市长毛兔研究所长毛兔饲料配方

项目		仔兔、幼兔生长期用	青年兔、成年兔种用
原料	花生秧（%）	40	46
	玉米（%）	20	18.5
	小麦麸（%）	16	15
	大豆粕（%）	21	18
	骨粉（%）	2.5	2
	食盐（%）	0.5	0.5
添加成分	进口蛋氨酸（%）	0.3	0.15
	进口多种维生素	12 克/50 千克饲料	12 克/50 千克饲料
	微量元素	按产品使用说明添加	按产品使用说明添加

（续）

项目		仔兔、幼兔生长期用	青年兔、成年兔种用
营养水平	消化能/(兆焦/千克)	9.84	9.5
	粗蛋白质（%）	18.03	17.18
	粗纤维（%）	13.21	14.39
	粗脂肪（%）	3.03	2.91
	钙（%）	1.824	1.81
	磷（%）	0.637	0.55
	含硫氨基酸（%）	0.888	0.701
	赖氨酸（%）	0.926	0.853

注：为防止腹泻，可在饲料中加大蒜素等，连用5天停药（加量要按产品说明）。

6. 浙江省饲料公司安哥拉产毛兔配合饲料配方（表4-51）

表4-51　浙江省饲料公司安哥拉产毛兔配合饲料配方

项目		配方1	配方2	配方3
原料	玉米（%）	35	17.1	24.9
	四号粉（%）	12	10	—
	小麦（%）	—	—	10
	麦麸（%）	7	8.1	10
	豆饼（%）	14	10.9	15.5
	菜籽饼（%）	8	8	8
	青草粉（%）	—	38.5	29.2
	松针粉（%）	5	5	—
	清糠（%）	16	—	—
	贝壳粉（%）	2	1.4	1.4
	食盐（%）	0.5	0.5	0.5
	添加剂（%）	0.5	0.5	0.5

（续）

项目		配方 1	配方 2	配方 3
营养水平	消化能/(兆焦/千克)	11.72	10.46	11.72
	粗蛋白质（%）	16.24	16.25	18.02
	粗脂肪（%）	3.98	3.70	3.82
	粗纤维（%）	12.55	15.92	12.52
	赖氨酸（%）	0.64	0.64	0.73
	含硫氨基酸（%）	0.7	0.7	0.7

注：添加剂为该公司产品。

7. 江苏省农业科学院食品研究所兔场产毛兔及种公兔饲料配方（表 4-52）

表 4-52 江苏省农业科学院食品研究所兔场产毛兔及种公兔饲料配方

项目		产毛兔		种公兔
		配方 1（M-01）	配方 2（M-02）	
原料	苜蓿草粉（%）	27	30.5	31.5
	豆饼（%）	17	16.0	13.5
	玉米（%）	19	14.0	16.0
	麦麸（%）	33.5	36.0	31.0
	进口鱼粉（%）	0	0	4.0
	石粉（%）	1.2	1.2	1.0
	骨粉（%）	0	0	0.7
	食盐（%）	0.3	0.3	0.3
	预混料（%）	2.0	2.0	2.0
营养水平	消化能/(兆焦/千克)	11.64	11.60	11.46
	粗蛋白质（%）	17.34	17.77	17.85
	可消化粗蛋白质（%）	12.09	11.87	12.90
	粗脂肪（%）	2.79	2.74	3.89
	粗纤维（%）	13.94	15.23	14.89
	钙（%）	0.97	1.01	1.27

（续）

项目		产毛兔		种公兔
		配方 1（M-01）	配方 2（M-02）	
营养水平	磷（%）	0.46	0.47	0.60
	含硫氨基酸（%）	0.92	0.91	0.78
	赖氨酸（%）	0.76	0.74	1.13
	精氨酸（%）	1.18	1.17	1.19

注：（1）M-01、M-02 预混料含硫氨基酸 0.4%。（2）M-01 号料：采食量每天不低于 160 克，80 天采毛量（除了夏天）220 克以上，毛料比为 1∶55。（3）M-02 号料：采食量每天不低于 150 克，80 天采毛量（除了夏季）205 克以上，毛料比为 1∶60。

8. 山东畜牧兽医职业学院长毛兔饲料配方（表 4-53）

表 4-53 山东畜牧兽医职业学院长毛兔饲料配方

原料	比例（%）	营养成分	含量
玉米	17.50	消化能/(兆焦/千克)	10.55
豆粕	18.00	粗蛋白质（%）	16.38
小麦麸	19.00	粗纤维（%）	16.53
花生秧	26.00	粗脂肪（%）	2.44
苜蓿草粉	15.00	赖氨酸（%）	1.16
豆油	0.50	蛋氨酸（%）	0.48
预混料	4.00	钙（%）	0.94
		磷（%）	0.39

二、国外饲料配方

德国长毛兔饲料配方（表 4-54）

表 4-54　德国长毛兔饲料配方

原料	比例（%）	原料	比例（%）
玉米	6.00	糖浆	1.52
小麦	10.00	大豆油	0.53
小麦麸	6.70	啤酒糟酵母	1.0
块茎渣	7.0	食盐	0.50
大豆	10.20	蛋氨酸	0.40
肉粉	7.00	微量元素	0.70
青干草粉	28.85	石榴皮碱	0.40
麦芽	19.20		

第五章
家兔饲料加工与质量控制

理论和实践证明，家兔采食质量好的全价颗粒饲料可以提高饲料利用率和生产性能，保证家兔健康。因此，饲料加工就是颗粒饲料的生产，即根据设计的饲料配方对原料进行粉碎、称量、混合、制粒、干燥等。质量控制就是利用科学的方法对产品实行控制，以预防不合格品的产生，达到质量标准的过程。

第一节 家兔配合饲料生产工艺

一、配合饲料生产工艺概述

配合饲料是在配方设计的基础上，按照一定的生产工艺流程生产出来的。家兔配合饲料的基本生产工艺流程包括：原料的采购、贮存、前处理、粉碎、混合、后处理等环节。家兔配合饲料生产工艺示意图见图 5-1。

兔场饲料加工车间应安排在远离兔场的地方。

二、原料的采购、贮存、前处理

为了保证饲料质量，必须从采购饲料源头抓起。大宗原料如玉米、麸皮等以当地采购为主。饼类饲料必须从大型加工食用油知名企业采购，这样可以保证质量。草粉是家兔饲料中重要的成分之一，也是保证饲料安全的关键原料之一，必须检查饲料是否发霉变质、是否带有塑料薄膜、含土是否超标。外地生产的最好去生产地进行实地考察，质量合格的方可采购。添加剂除自配外，严格选择供应企业。选

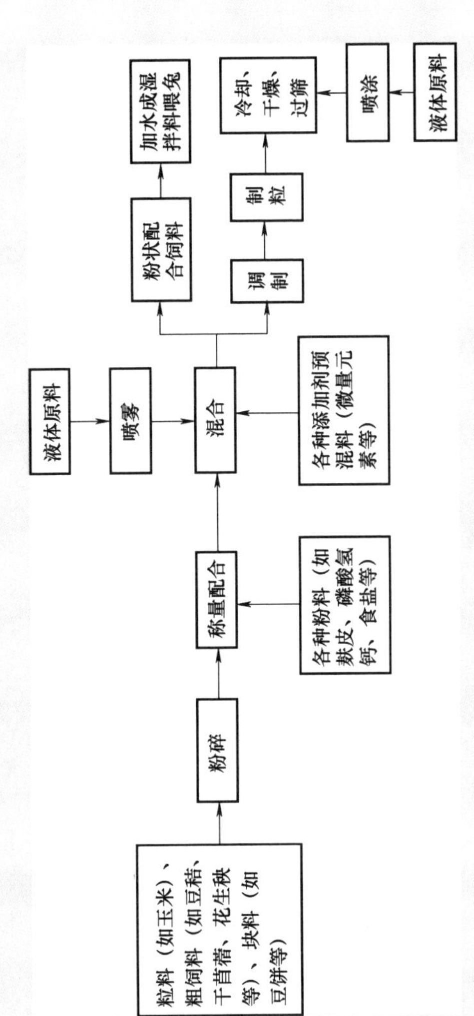

图 5-1　家兔配合饲料生产工艺示意图

择信誉度高、产品质量优、服务良好的企业的产品。我国从 2020 年 7 月 1 日起，严禁在饲料中添加任何促生长添加剂（除中草药），为此，要特别予以关注。

原料必须贮存在通风干燥、温度适宜的仓库。记录进货日期、数量、存放位置等。出库遵循先进先出的原则。

对饲料原料进行前处理，即清理，就是采用筛选、风选、磁选或其他方法去除原料中所含杂质的过程。需要清理的饲料主要为植物性饲料，如饲料谷物、农产品副产品等。所用谷物、饼粕类饲料常常含有泥土、金属等杂质需要清理出来，一方面保障成品的含杂质量尽量在规定的范围，另一方面保证加工设备的安全运行。液体饲料原料只需要通过过滤即可。

三、粉碎

一般粒状精料、粗料利用前均需要粉碎。目的是提高家兔对饲料的利用率，有利于均匀混合，便于加工成质量合格的颗粒饲料。

1. 粉碎设备

目前饲料的粉碎通常使用锤片式粉碎机。锤片式粉碎机按进料方向可分为切向喂料式、轴向喂料式和径向喂料式 3 种。锤片式粉碎机根据饲料组方、能量消耗控制粉碎机的送料是必须的。送料装置还应设置磁铁来防止金属等杂物进入。必须经常检查粉碎机锤片是否磨损，筛网有无漏洞、漏缝、错位等。

2. 两种工艺的特点

根据饲料生产工艺的设计，有两种原料粉碎系统，即先配料后粉碎系统和先粉碎后配料系统。先配料后粉碎系统是将各种原料一起粉碎，而先粉碎后配料系统是将每种原料单独进行粉碎，这两种系统各有优缺点。

（1）先配料后粉碎系统 根据设计的配方将各种原料称重之后进行粉碎，这种系统生产成本和投资更低一些。

在粉碎之前应设置筛板，能够使粉碎加工过程更节约能源（因为细的颗粒不再通过粉碎机就进入下一道工序），这样会延长粉碎机

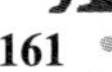

的寿命，并且使减压管的堵塞问题减少，从而增加了粉碎的效率。

（2）先粉碎后配料系统　将各种原料单独粉碎，然后按照饲料配方组分要求的数量称取各种原料的粉料。

1）优点：每种原料的粒度大小可以通过更换粉碎机的筛片（筛孔）来实现；因为是粉碎的同一种原料，可使粉碎能力最大化。同时粉碎和混合分开运行。

2）缺点：每种原料的粒度大小分布不同，可能导致饲料混合最终出现不均的风险；含油高的原料，如含油种子不能单独进行粉碎，必须与其他含油低的原料同时进行粉碎；需要较多的料仓；粉碎的原料的保存期短于未粉碎的原料。

3. 原料粉碎的粒度

粉碎的粒度越小，越有利于颗粒的加工，颗粒饲料的质量会更好。但粉碎的粒度越小，加工时消耗的能源越多。

研究发现，家兔对中性洗涤纤维的消化率与粒度小于 0.315 毫米颗粒所占的比例呈现正相关。但是过分地粉碎会使饲料在肠道停留时间延长则明显与消化障碍有关系，可能诱发腹泻等消化道疾病。因为主要是在盲肠的停留时间增加，会产生不良发酵模式。为此，在实践中，应使用筛孔直径为 2.5~3.5 毫米筛片进行粉碎为宜，因为这能保证颗粒饲料质量和肠道运动之间维持一种良好的平衡。

一般认为，低纤维含量的原料（如谷物、豆粕等）的粉碎，宜采用筛孔直径较细的筛片，有利于较高的消化率。粗纤维原料（如苜蓿、花生秧、花生壳等）的粉碎，应采用筛孔较粗的筛片，有利于肠道的运动。

四、混合

混合是饲料加工的关键性过程。混合是将各种原料（精料、草粉、微量元素、维生素、药物等）得以混合均匀，确保配合饲料质量的重要环节。

1. 混合设备

目前主流的混合机为多桨叶式的混合机，分为单轴和双轴类型。

好的混合机应具有充分的混合能力（1∶100000）、低旋转周期（33转/分钟）、混合时间短（小于3分钟）、出料彻底，交叉污染小、清理和维护操作方便、能够添加液体等。

2. 混合注意事项

（1）混合机的混合容量 卧式搅拌机的饲料最大装入量不高于螺带高度，最小装入量不低于搅拌机主轴以上10厘米的高度。

（2）原料的添加顺序、方法 为了保证饲料在搅拌机中均匀搅拌，加入原料的顺序是十分重要的。原料加入混合机中的顺序为：用量大的原料，比重小的先加，比重大的后加；随后加入微量成分（如添加剂、药物等）、潮湿原料；不同的液体原料（如油脂、甘油、糖蜜、氨基酸、液体调味剂、酶制剂等）添加的位置不同。

1）脂肪、油。脂肪、油必须喷洒到主混合机内。从喷洒开始至少要持续30秒，同时液体至少从混合机的三个位置喷入，以确保液体均匀地被添加到混合料中。添加脂肪的比例较高时（2%~3%），可在混合机中添加、制粒机出口处喷涂和颗粒料冷却时添加。

2）糖蜜。为了增加颗粒饲料制粒和饲料适口性，常常需要添加糖蜜。糖蜜的添加必须采用自动控制，因为这是一个连续的过程。糖蜜的添加一般在主混合机之后的位置添加。

3）氨基酸。耐高温的液体如氨基酸或胆碱是小剂量添加，必须添加到混合机机内。对于胆碱要特别注意，因为其对其他维生素具有破坏作用。

4）液体调味剂。液体调味剂一般在制粒后添加最为理想，因为这样会保持其芬芳性。

5）酶制剂。酶制剂有粉状或液体。选择耐高温的酶制剂或经热稳定性处理外，对于液体酶可在颗粒料冷却器的出口处添加。

（3）混合时间 根据不同设备、型号确认具体的混合时间。一般桨叶轴式混合机混合时间为3~4分钟；螺条混合机混合时间为4~5分钟。在规定时间内变异系数小于5%的可作为优质的混合料。

注意不同批次的饲料如加药、不加药饲料之间的交叉污染。建议大型加工企业建立双生产线，以免造成药物交叉污染。

五、后处理

后处理是经过制粒机将粉料转变为密实的颗粒饲料的过程。其过程是：粉料调制→制粒→冷却。

1. 粉料调制

在调制器内进行，是将输入的蒸汽（或水）与饲料均匀调制，使物料的水分、温度达到制粒的要求。调制后可以增加粉料的可塑性，机器的磨损变小，黏性增加；调制有利于微生物的降低。

一般添加2%~5%蒸汽进行调制，调制时间大约20秒。

2. 制粒

（1）制粒机 制粒机分为环模式制粒机和平模式制粒机。一般采用环模式制粒机，小型养殖户一般使用平模式制粒机。

颗粒饲料制粒机一般为环模式，小型养殖户也有使用平模式制粒机的。一般要求压膜与压辊之间的距离大约0.2毫米，以使制粒机的产量最大化。

（2）饲料颗粒的大小 根据试验结果表明，家兔使用直径3~5毫米、长度是粗度的2~2.5倍，即6~12.5毫米的颗粒饲料是合适的。颗粒直径大于5毫米的颗粒饲料会造成浪费，长度过长也会造成浪费。不同年龄和生理阶段的家兔均使用相同直径的颗粒饲料。

建议颗粒机的压膜孔径以3~4毫米为宜。

3. 冷却

冷却的目的是将颗粒饲料的水分降低到与调制前粉料含水量相同的水平，温度降低到不高于室温5~8℃。热的颗粒饲料易碎，并且容易变质。冷却器应安装在紧靠制粒机的出口处，以免颗粒饲料通过管道造成粉料增多。多数采用逆流式冷却器。

冷却后必须通过分级筛除去细粉。因为颗粒饲料中的细粉对卫生环境有不利影响，同时饲喂时会诱发家兔消化道和呼吸道的紊乱。细粉被重新收回到调制器。

第二节　家兔配合饲料质量控制

家兔配合饲料质量好坏关系到养兔经济效益高低，甚至是养兔成败的关键。质量控制就是利用科学的方法对产品实行控制，以预防不合格品的产生，达到质量标准的过程。主要包括以下内容：

一、饲料原料的质量控制

饲料原料质量是家兔配合饲料质量的基础。只有合格的原料，才能够生产出合格的饲料产品。因此，采购、使用饲料原料时要严把质量关，杜绝使用不合格原料。

原料的质量通过感官检验、分析化验等方法进行。

所有原料采购入库前都必须进行感官检验，只有感官检验合格后方可入库使用或进一步分析。一般检验项目有：水分（粗略）、色泽、气味、杂质、霉变、虫蚀、结块和异味等。有经验的人员往往能做出相当准确的判断，要求验收人员责任心强且经验丰富。

有的饲料原料（如饼类等）仅凭感官检验，不能对其营养成分等指标做出判断，必须经实验室分析化验。豆饼的分析指标有：粗蛋白质、生熟度（用脲酶活性表示）；鱼粉的分析指标有：粗蛋白质、盐分等。

对所有饲料原料分析判定是否发霉极为重要，因为家兔对霉菌毒素极为敏感。

二、粉碎过程的质量控制

粉碎机对产品质量的影响非常明显，它直接影响饲料的最终质地（粉料）和外观的形成（颗粒料），所以必须经常检查粉碎机锤片是否磨损，筛网有无漏洞、漏缝、错位等。操作人员应经常观察粉碎机的粉碎能力和粉碎机排出的物料粒度。

三、称量过程的质量控制

称量是配料的关键，是执行配方的首要环节。称量的准确与否，对家兔配合饲料的质量起至关重要的作用。

一般养兔场或小型饲料厂采用人工称量配料，然后投入搅拌机，要求操作人员有很强的责任心和质量意识。称量过程中，首先，要求磅秤合格有效，每次使用前对磅秤进行一次校准和保养，每年至少由标准计量部门进行一次检验；其次，每次称量必须把磅秤周围打扫干净，称量后将散落在磅砰或称量器上的物料全部倒入搅拌机中，以保证进入搅拌机的原料数量准确；再次，要有正确的称量顺序，称一种，用笔在配方上做一个记号。

大型饲料厂一般采用自动称量系统。应经常检查，保证称量系统正常运作。

称量微量成分，必须用灵敏度高的秤或天平，其灵敏度至少应达0.1%。秤的灵敏度、准确度要经常校正。手工配料时，应使用不锈钢料铲，并做到专料专用，以免发生混料，造成相互污染。

四、配料搅拌过程的质量控制

饲料原料只有在搅拌机中均匀混合，饲料中的营养成分才能均匀分布，饲料质量才有保障。如果微量成分如微量元素、维生素、药物等混合不均匀，就会直接影响饲料质量，影响家兔的生产性能，甚至导致兔群发病或中毒。

要注意原料的添加顺序、搅拌时间等，保证搅拌机的正常工作。对搅拌机进行维护和检查，检查搅拌机螺旋或桨叶是否开焊；搅拌机螺旋或桨叶是否磨损；定期清除搅拌机轴和桨叶上的尼龙、绳头等杂物。

五、制粒过程的质量控制

影响颗粒饲料质量的因素较多，应对这些因素进行质量控制。

(1) 饲料配方中脂肪、蛋白质、淀粉、粗纤维比例不同，其制粒特性不同 饲料中的脂肪可减少摩擦，有利于制粒，但脂肪含量过高，易使颗粒松散，一般脂肪添加量不宜超过3%，否则必须在制粒后用喷涂的方法进行添加。蛋白质高的饲料比重大，易成型。这是因为蛋白质在水分作用下变性，受热软化易穿出模孔，成粒后又变硬，对制粒有利。淀粉的比重较大，易成型。因为制粒过程中淀粉部分糊化，冷却后黏结，也有利于制粒。饲料中适量的粗纤维将起牵连作用，有利于制粒。但粗纤维含量过高，则影响制粒效率和颗粒饲料质量。同一类型的饲料原料，种类不同，制粒效果也不同，如小麦的制粒效果好于玉米。花生粕好于豆粕。

因此，设计饲料配方时在满足家兔营养水平的前提下，要考虑每种原料的制粒性，选择适宜的饲料原料。

（2）原料粒度的影响 原料中粉料过粗，会增加压模粗和压辊之间的摩擦，从而造成功率上升、产量下降、颗粒饲料松散等质量下降。但粉碎过细又会使颗粒变脆。原料粒度中以粗、中、细比例适度最好。

（3）调制时的蒸汽量、时间 适当地增加蒸汽量，使粉料的温度提高，有利于颗粒饲料的质量。但过多的蒸汽量会使压辊在压膜上打滑，产量降低。

（4）压辊与压膜之间的间隙大小 大约在0.2毫米为宜。

（5）饲料中黏合剂的添加与否 在饲料中添加黏合剂可以提高颗粒饲料的质量，如添加木质素磺酸盐、膨润土或海泡石等黏合剂，颗粒饲料的质量会显著提高。

（6）冷却的影响 制粒后如不及时冷却，将会使颗粒破碎和严重粉化，故制粒机中出来的颗粒应迅速冷却或干燥。

六、贮藏过程的质量控制

贮藏是饲料加工的最后一道工序，是饲料质量控制的重要环节。

要贮藏加工好的饲料，必须选择干燥、通风良好、无鼠害的库房放置，建立“先进先出”制度，因为码放在下面和后面的饲料会因存放时间过久而变质。不同生理阶段的饲料要分别堆放，包装袋上要有明显标记，以防发生混料或发错料。饲料水分要求北方地区不高于14%，南方地区不高于12.5%。经常检查库房的顶部和窗户是否有漏雨现象，定期对饲料进行清理，发现变质或过期的饲料应及时处理。

对于小型兔场可采用当天生产、当天使用，以降低饲料在贮藏过程中发生变质的危险。

七、饲喂时的质量检查

饲喂时应对生产的颗粒饲料进行感官检查，对饲料颜色、形状进行检查，必要时用嗅觉对饲料气味进行检查。发现饲料颜色有变化，有结块和发霉味时，要立即停止饲喂，及时与技术人员联系。饲喂前要检查颗粒饲料是否含粉较高，否则要过筛。采用蛟龙式自动饲喂系统的颗粒饲料要求硬度较高。

附录

附录 A　家兔常用饲料原料成分和营养价值

序号	饲料名称	干物质（%）	粗灰分（%）	粗蛋白质（%）	粗脂肪（%）	粗纤维（%）	中性洗涤纤维（%）	酸性洗涤纤维（%）	酸性洗涤木质素（%）	淀粉（%）	钙（%）	总磷（%）	消化能/（兆焦/千克）
1	玉米	86.00	1.20	8.50	3.50	1.90	9.50	2.50	0.50	64.00	0.02	0.25	13.10
2	小麦	88.00	1.60	13.40	1.80	2.20	11.00	3.10	0.90	60.00	0.04	0.35	13.10
3	大麦（皮）	87.00	2.20	11.00	2.00	4.60	17.50	5.50	0.90	51.00	0.06	0.36	12.90
4	高粱	87.00	1.80	9.00	3.40	1.40	17.40	8.00	0.80	54.10	0.13	0.36	—
5	稻谷	87.00	4.60	7.80	1.60	8.20	27.40	28.70	—	—	0.03	0.36	—
6	碎米	88.00	1.60	10.40	2.20	1.10	0.80	0.60	—	—	0.06	0.35	—
7	甘薯干	88.00	5.70	2.60	0.70	4.80	12.40	7.70	2.10	60.00	0.30	0.12	12.05

（续）

序号	饲料名称	干物质（%）	粗灰分（%）	粗蛋白质（%）	粗脂肪（%）	粗纤维（%）	中性洗涤纤维（%）	酸性洗涤纤维（%）	酸性洗涤木质素（%）	淀粉（%）	钙（%）	总磷（%）	消化能/（兆焦/千克）
8	次粉	88.00	3.60	15.80	3.60	7.00	32.60	10.00	2.70	24.00	0.14	1.05	11.20
9	小麦麸	88.00	5.00	15.00	3.40	9.50	40.50	11.80	3.50	19.00	0.15	1.09	10.30
10	米糠	90.00	9.00	13.50	15.30	8.10	21.10	10.10	3.60	27.00	0.12	1.60	12.45
11	大豆	90.00	4.70	35.90	19.30	5.60	11.70	7.30	0.80	—	0.25	0.56	17.35
12	大豆粕	90.00	6.80	43.20	1.80	7.70	16.10	10.00	0.80	—	0.29	0.60	13.35
13	菜籽粕	90.00	6.80	36.10	2.50	12.10	27.70	18.90	8.60	—	0.70	1.00	11.35
14	葵花仁粕	90.00	6.80	27.90	2.70	25.20	42.80	30.20	10.10	—	0.35	1.00	9.60
15	胡麻饼（山西）	91.96	7.56	32.49	15.24	9.77	51.82	37.83	—	—	0.48	1.48	20.48（总能）
16	玉米干全酒槽	90.00	6.00	25.30	9.00	8.10	31.60	8.90	1.20	10.50	0.14	0.73	12.70
17	动物脂肪	99.50	—	—	99.00	—	—	—	—	—	—	—	33.45
18	大豆油	99.50	—	—	99.00	—	—	—	—	—	—	—	35.55
19	苜蓿草粉（粗蛋白质 19%）	90.00	9.90	18.00	3.60	21.60	34.60	27.00	6.00	—	1.60	0.27	8.30
20	苜蓿草粉（粗蛋白质 17%）	90.00	9.90	15.30	3.20	26.10	41.80	32.60	7.30	—	1.50	0.26	7.40

（续）

序号	饲料名称	干物质（%）	粗灰分（%）	粗蛋白质（%）	粗脂肪（%）	粗纤维（%）	中性洗涤纤维（%）	酸性洗涤纤维（%）	酸性洗涤木质素（%）	淀粉（%）	钙（%）	总磷（%）	消化能/（兆焦/千克）
21	苜蓿草粉（粗蛋白质 14%~15%）	90.00	9.00	12.60	2.30	29.70	47.50	37.10	8.30	—	1.40	0.26	6.75
22	甜菜渣	90.00	7.20	9.00	1.00	18.00	42.80	21.20	1.80	—	0.76	0.10	10.40
23	稻草	90.00	16.20	6.00	0.50	29.50	58.50	34.00	2.20	—	—	—	2.50
24	大豆壳	90.00	4.60	12.20	2.00	35.50	58.80	42.60	2.10	—	0.50	0.16	7.20
25	向日葵壳	90.00	3.40	5.40	4.00	46.80	69.30	56.20	20.20	—	0.40	0.20	4.30
26	小麦秸	90.00	6.10	3.60	1.20	39.50	75.00	47.40	8.00	0.50	0.38	0.08	2.70
27	全株玉米（脱水）	90.00	3.60	7.20	2.50	12.60	36.00	15.30	1.00	33.00	0.30	0.28	8.52
28	花生秧	89.40	11.00	10.50	2.10	24.00	51.30	36.90	9.80	—	1.34	0.19	8.81
29	谷草（山西）	90.02	8.55	3.96	1.30	39.79	76.18	48.85	5.30	—	0.74	0.06	—
30	花生壳（山西）	90.53	7.94	6.06	0.65	61.82	86.07	73.79	8.42	—	0.97	0.07	—
31	豆秸秆（山西）	89.00	4.91	4.24	0.89	46.81	76.93	57.31	6.51	—	0.60	0.07	—
32	玉米秸秆（自然干燥）	90.97	6.75	4.20	0.95	35.80	78.41	47.48	4.09	—	0.79	0.07	—
33	陈醋糟（山西）	93.75	8.54	7.72	5.39	36.11	79.66	61.50	3.09	—	0.00	0.02	—

附录B　常用矿物质饲料添加剂中的元素含量

饲料名称		元素含量（%）
钙	碳酸钙	40
	石灰石粉	33~39
	贝壳粉	36
	蛋壳粉	34
	硫酸钙	23.3
	葡萄糖酸钙	8.5
	乳酸钙	13~18
	云解石	33
	白垩石	33
磷	磷酸二氢钠	25.8
	磷酸氢二钠	21.81
	磷酸二氢钾	28.5
钙、磷	磷酸氢钙	钙23.2，磷：18
	磷酸一钙	钙15.9，磷：24.6
	磷酸三钙	钙38.7，磷：20
	蒸骨粉	钙24~30，磷：10~15
铁	硫酸亚铁（7个结晶水）	20.1
	硫酸亚铁（1个结晶水）	32.9
	碳酸亚铁（1个结晶水）	41.7
	碳酸亚铁	48.2
	氯化亚铁（4个结晶水）	28.1
	氯化铁（6个结晶水）	20.7
	氯化铁	34.4
	柠檬酸铁	21.1
	葡萄糖酸铁	12.5

（续）

饲料名称		元素含量（%）
铁	磷酸铁	37.0
	焦磷酸铁	30.0
	硫酸亚铁	36.7
	醋酸亚铁（4 个结晶水）	22.7
	氧化铁	69.9
	氧化亚铁	77.8
铜	硫酸铜	39.8
	硫酸铜（5 个结晶水）	25.5
	碳酸铜（碱式，1 个结晶水）	53.2
	碳酸铜（碱式）	57.5
	氢氧化铜	65.2
	氯化铜（绿色）	37.3
	氯化铜（白色）	64.2
	氯化亚铜	64.1
	葡萄糖酸铜	1.4
	正磷酸铜	50.1
	氧化铜	79.9
	碘化亚铜	33.4
锌	碳酸锌	52.1
	硫酸锌（7 个结晶水）	22.7
	氧化锌	80.3
	氯化锌	48.1
	醋酸锌	36.1
	硫酸锌（1 个结晶水）	36.4
	硫酸锌	40.5
锰	硫酸锰（5 个结晶水）	22.8
	硫酸锰	36.4
	碳酸锰	47.8

（续）

	饲料名称	元素含量（%）
锰	氧化锰	77.4
	二氧化锰	63.2
	氯化锰（4 个结晶水）	27.8
	氯化锰	43.6
	醋酸锰	31.8
	柠檬酸锰	30.4
	葡萄糖酸锰	12.3
	正磷酸锰	46.4
	磷酸锰	36.4
	硫酸锰（1 个结晶水）	32.5
	硫酸锰（4 个结晶水）	21.6
硒	亚硒酸钠（5 个结晶水）	30.0
	硒酸钠（10 个结晶水）	21.4
	硒酸钠	41.8
	亚硒酸钠	45.7
碘	碘化钾	76.5
	碘化钠	84.7
	碘酸钾	59.3
	碘酸钠	64.1
	碘化亚铜	66.7
	碘酸钙	65.1
	高碘酸钙	60.1
	二碘水杨酸	65.1
	百里碘酚	46.1
钴	醋酸钴	33.3
	碳酸钴	49.6
	氯化钴	45.3

（续）

饲料名称		元素含量（%）
钴	氯化钴（5个结晶水）	26.8
	硫酸钴	38.0
	氧化钴	78.7
	硫酸钴（7个结晶水）	21.0

附录C　筛号与筛孔直径对照表

筛号/目	孔径/毫米	网线直径/毫米	筛号/目	孔径/毫米	网线直径/毫米
3.5	5.66	1.448	35	0.50	0.290
4	4.76	1.270	40	0.42	0.249
5	4.00	1.117	45	0.35	0.221
6	3.36	1.016	50	0.297	0.188
8	2.38	0.841	60	0.250	0.163
10	2.00	0.759	70	0.210	0.140
12	1.68	0.691	80	0.171	0.119
14	1.41	0.610	100	0.149	0.102
16	1.19	0.541	120	0.125	0.086
18	1.10	0.480	140	0.105	0.074
20	0.84	0.419	170	0.088	0.063
25	0.71	0.371	200	0.074	0.053
30	0.59	0.330	230	0.062	0.046

附录 D　常用饲料的体积质量

饲料名称	体积质量/（克/升）	饲料名称	体积质量/（克/升）	饲料名称	体积质量/（克/升）
大麦（皮麦）	580	麦麸	350	豆饼	340
大麦（碎）	460	米糠	360	棉籽饼	480
玉米	730	食盐	830	鱼粉	700
碎米	750	黑麦	730	碳酸钙	850
糙米	840	燕麦	440	贝壳粉	360

参 考 文 献

[1] 任克良. 家兔配合饲料生产技术［M］. 2 版. 北京：金盾出版社，2010.

[2] 谷子林，秦应和，任克良. 中国养兔学［M］. 北京：中国农业出版社，2013.

[3] 任克良，秦应和. 高效健康养兔全程实操图解［M］. 北京：中国农业出版社，2018.

[4] DE BLAS C，WISEMAN J. 家兔营养［M］. 唐良美，译. 2 版. 北京：中国农业出版社，2015.

[5] 周安国，陈代文. 动物营养学［M］. 3 版. 北京：中国农业出版社，2011.

[6] 王成章，王恬. 饲料学［M］. 2 版. 北京：中国农业出版社，2011.

[7] 任克良. 现代獭兔养殖大全［M］. 太原：山西科学技术出版社，2002.

[8] 王永康. 规模化肉兔养殖场生产经营全程关键技术［M］. 北京：中国农业出版社，2019.

[9] 李福昌. 兔生产学［M］. 2 版. 北京：中国农业出版社. 2016.